U0075536

Knowledge House & Walnut Tree Publishing

Knowledge House & Walnut Tree Publishing

Knowledge House & Walnut Tree Publishing

Knowledge House & Walnut Tree Publishing

觸點管理

網路時代的德國人才管理模式

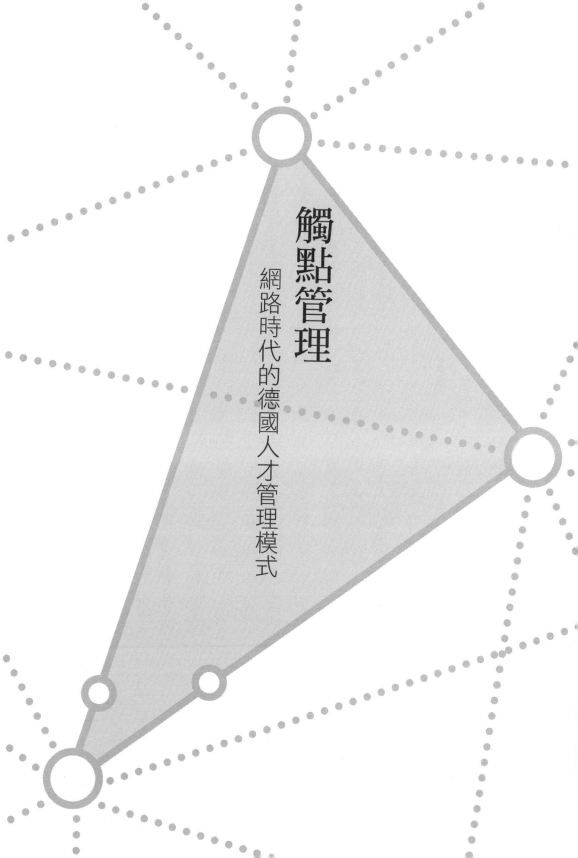

前言

「請您發電子郵件！」——人們不禁要為如此對待客戶的公司擔憂。本書將這一類公司稱為守舊傳統的公司。它們未必年代久遠，但卻頭腦僵化。這樣的公司將無法企及未來，因為這個時代正經歷著偉大的變革。我們生活在一個全新的、勢不可當的數位化商業世界，身處有史以來最偉大的變革之中。權力悄悄轉移到員工手中，客戶也早已接過了這一權杖，很多人幾乎都沒有察覺到這一變化。這意味著什麼？如今主要是由客戶決定公司是否能夠擁有新的客戶群與營業額。公司的員工也決定著誰將贏得優秀的人才。為了在風雲變幻的市場上不斷以新的方式吸引客戶，企業必須創造適合的內部環境，推行適應這一變革的領導文化。

然而，正當外界發生著不可逆轉的變化時，很多公司內部的經理卻還在使用上個世紀的「通用」方式和老舊規矩來浪費時間，例如，自上而下的管理模式、筒倉思維（silo mentality, 即孤島思維）、部門間各自為政、等級束縛、預算馬拉松、指派方式、關注經營成長。這些方式連同過時的管理思維以及與客為敵的程序化做法，都是構建新的商業環境和工作氛圍的最大絆腳石。過去的工具根本無法掌握未來。這些公司都被困在自己的體系之中。它們並不是輸給了市場，而是敗在自己的結構上。因此有必要先對企業內部的合作方式進行創新改革。實現這一目標的主要秘訣就是網路化和協作化。本書即立足於介紹這些秘訣的原則及使用方法。

美麗的商業新世界

社群網路和行動網路的結合將我們高速地彈入了網路3.0世界，其最重要的優勢可能就是數位儲存，通過點擊手持終端的螢幕，人們告別了離線狀態。無論在世界的任何角落，人們利用這種方法可以即時瞭解所有的線上訊息。這種新的方式最終顛覆了供求之間的資訊不對稱，因為網路幫助「小人物」，它有利於「大多數人」，蔑視集權化，熱愛協作。

但是另一方面，公司的結構仍然沒有任何變化。**圖一**中的左圖反映了真實的（化石）觀點：老闆頭戴皇冠，高高在上，聽話的隨從們坐在下面，被禁錮在一個個小格子裡面。這樣的組織結構圖中沒有員工，只有接受管理的士兵，他們被安排在各個部門的網格中。是的，企業與客戶也是透過管道來溝通。仔細想來，這些推廣管道無非是內部孤島與過時的上下等級外化形式：沒有聯網的併行行為。對於訊息傳遞而言，管道的作用仍然是從一個發出者指向一個接受者。

相反地，客戶的世界則展現了完全不同的景象：他們圍繞公司這一組織在線上和線下不斷活動；他們按照自己的意願有時離線購買，有時線上購買；在做決定的時候，他們主要受與自己類似之人的影響；他們從單純的消費者變成了有責任感的世界公民，其中某些人已經成為分享者與創造者，即他們不僅購買，而且與其他人分享自己的需求，或者自己來生產創造。這種以網路為基礎的「分享經

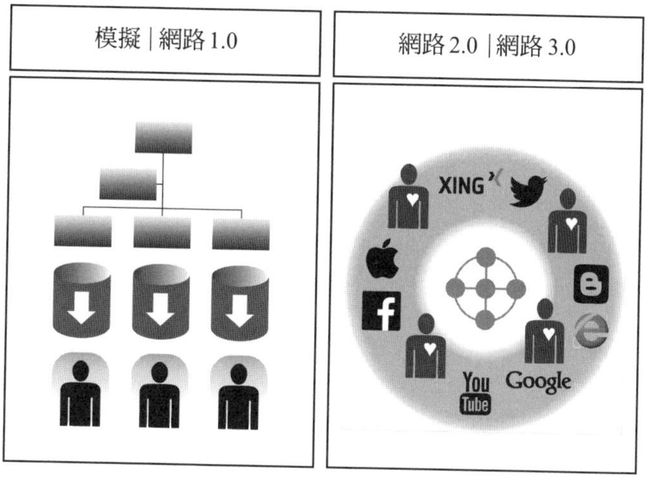

圖一　新舊商業世界對比

濟」，將以全新的方式對愈來愈疲軟的傳統經濟成長造成威脅。這種自創趨勢受惠於新興的3D列印技術，也將設計出全新的商業模式。

現在迫切需要一種新的組織形式。我將其稱為觸點公司。

觸點公司與觸點經理人

如今，客戶與公司的聯繫非常緊密，這是一種前所未有的情形。因此從現在開始，任何領域的每一個經理都必須將客戶研究納入其主要任務，因為任何公司以外的人都可以通過社群媒介與每一個員工建立直接聯繫，無論這個員工隸屬於哪個部門，也不管這種聯繫是否符合管理要求。內外聯繫點的數量呈直線上升之勢，而且顯現出相互交叉的方式。這既是機遇，也是挑戰。

企業已經失去了資訊主權。

過去，大眾都是藉由精心組織的新聞發佈會和訓練有素的董事會發言人瞭解某一公司。公司內部的真實情況只能零星地透露給大眾，要麼是某位員工在自己的小圈子裡談論某一事件，要麼是通過私人關係透露給媒體。而現在，情況完全不同了：員工在網上發佈公司內部消息，他們已然成為老闆的代言人，公司對員工在網路上發佈的訊息也沒有任何監控。

老闆最好要善待自己的員工，遵守道德規範，因為通過網路一切遲早都會公之於眾。模範事跡會被點讚，善舉善事會得到大力稱頌，而欺騙作惡則會受到嚴厲的懲罰。如果有人說謊欺騙，強勢對待自己的員工，或者只為一己私利，那麼這個人將會受盡審判，然後被釘在網路的恥辱柱上。因為可以讀到這些內容的並不只有公司的員工，還有網路上的所有人。一家公司的內部問題會受到大眾集體抵制的懲罰。

面對這一新情況，客戶幾乎不再聽信傳統組織結構預設管道的訊息，也不再受制於客服、銷售和市場行銷。追求業績的銷售員也無法使客戶成為「容易中槍的犧牲品」（**leicht erlegbares opfer, LEO**）——，他們的目標更多的是成為與供貨商的直接和間接觸點。因此，觸點公司遵循「由外及內、自下而上」的方式，它們從客戶開始發展到公司內部，然後由員工開始向上發展到領導階層（見圖二）。因為只有用這種方式才能獲取未來的成功。在公司的組織結構中很快就會出現一個新職位：「觸點經理人」。他們像律師一樣為客戶的利益代言，並極力實現客戶的利益。

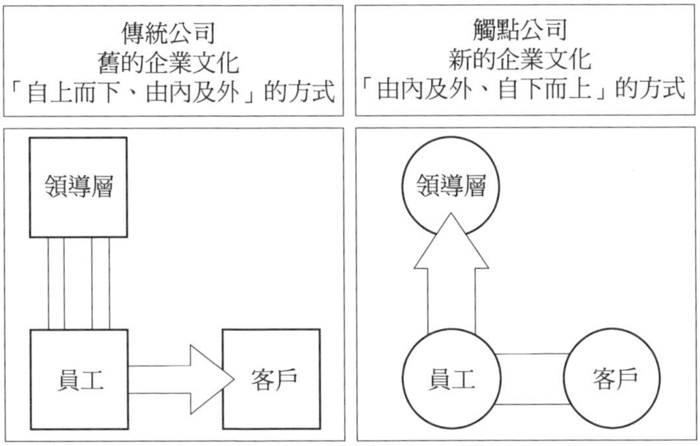

圖二　新舊公司管理模式

觸點究竟是什麼？

德國人喜歡將「觸點」稱為聯繫點，然而這是一種客觀保守的定義。「接觸點」這種說法更像社群時代的定義。一個人如果想要和其他人建立聯繫，就必須「接觸」他們——產生情感上的共鳴。這時如果再加入一絲魔力和些許的「奇思妙想」，就會引發人們的強烈興趣。

能否贏得客戶的決定因素並不是洋洋灑灑的企劃書，也不是裝幀精美的用戶手冊，而是客戶在單一觸點的「真實時刻」切實的感受。高超地運用這一方法就會使有購買慾望的客戶不斷簽下訂單，而且還會積極地對外宣傳，這是一項新的巨大挑戰。公司的每一個人都面臨這一挑戰，無論是直接與客戶打交道的員工，還是財務、生產或者倉儲部門的員工。

所有這些都要求企業推行一種貼近客戶的管理，以及一種新的領導風格：以客戶為導向的領導方式。這種方式的基礎就是掌握內部觸點，即員工、主管與企業之間的互動點。如果人們在協作的過程中可以抓住所有員工的思想火花，利用群體智慧，那麼我們就有理由優先選擇這些方法。

應徵者與僱主之間的觸點

人口結構的轉變、對最優資源的爭奪，以及隨著社群網路產生的「溫室效應」已向人們提出了全新的要求：人們必須學會行銷。同時，用以檢索、查詢及獲取人才的資源已經市場化，而且資源非常豐富然而吸引求職者的並不一定是公司網頁和公司業績，他們更多的是從搜索引擎的輸入框開啟求職之路——但這往往也是求職的結束。間接觸點這時就發揮著重要作用，例如意見反饋、論壇、部落格、媒體文章、口語宣傳和推介。

因此，求職者通常先將在網路上瀏覽到的員工看法作為自己的參考。谷歌將這些看法稱為「零關鍵時刻」（Zero Moments of Truth, ZMOT）。這是第一次直接聯繫之前的關鍵時刻，這些時刻將一個公司兌現承諾的實際能力毫無保留地呈現在人們面前。**圖三**向我們展示了不同以往的人才招聘過程。

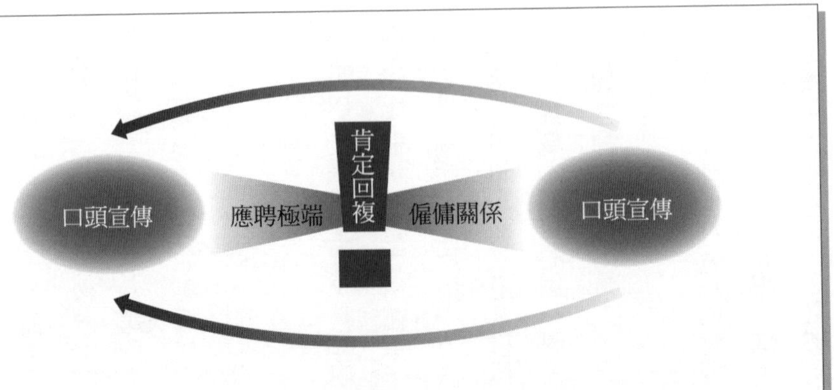

圖三　現今的招聘流程示意圖

各個組織應該更多地進行內部調整，而不是花費重金製定招聘策略，因為企業文化、價值觀和企業社會責任這些長篇闊論起不到任何作用。現在即使公司高層使用最具煽動力的高超語言進行宣傳也很難讓人信服，企業公關已經陷入了巨大的信任危機。我們經歷太多的謊言和欺騙，這裡無須再一一列舉，每個人的親身經歷都不勝枚舉。

僱主怎樣創造「愛的印記」

在網路社會中，只有那些瞭解公司內部實際情況的人才能得到客戶與員工的信任，甚至能夠挽回信任危機。希望所有人都在社會上為你的公司傳播好名聲？那麼就要創造一種積極的互動關係！尤其要給人留下美好的、願意在網路上分享的印象。

> 新的商務箴言：做好工作，並促使人們積極地宣傳。

一條新的商務箴言是：「做好工作，並促使人們積極地宣傳。」網路就像一個巨大的公共討論平台。如今，「屍體」不再會爛在地下室，人們也會積極在網上曝光。因此，除了賺取點擊率之外，企業還要遵守道德原則。因為企業不僅是一個經濟實體，也擔負著社會功能，大眾始終對企業提出嚴格的要求。未來的競爭將會集中在企業文化的競爭上。

在一切社會效應之外企業需要盈利以維持運轉，這是事實。然而這只是規定計劃，重要的是自選計劃。為了最終成為最大的贏家，唯一的辦法就是創造「愛的印記」。「愛的印記」是讓客戶和員工愛上自己的一種（僱主）印記。「愛的印記」會引發崇拜的情感，不需要藉助昂貴的廣告來推銷，因為粉絲會自動自發地為它推廣。人們的批判也不會對企業造成任何傷害，因為支持者陣營會保護它們，不會讓它們陷入困境。結果是什麼？超越理智的忠誠。一旦出現了這種忠誠，那麼任何競爭都毫無意義了。

員工與領導者之間的觸點

近幾年來，僱傭關係發生了根本性的改變，變得更加全球化、數位化，女性在其中的作用也愈來愈重要。僱傭關係帶有一種新的多樣化特點，愈來愈細化、多層次化，對外網路化的趨勢也有所增強。愈來愈多的人在主要工作之外還會做一份（小）兼職，或者偶爾做自由職業者。終身職業只存在於職業學過去的教科書中了。員工們走出安逸的辦公樓，進入廣闊的社會層面。

除了傳統僱傭關係的主要員工，非傳統僱傭關係的合作逐漸增加：專案形式、自由職業者、鐘點計時公司、臨時經理。社會上出現了更多的短期僱傭關係，兼職率日益增加，更多工作被外包出去，各個領域的專家、供貨商和商務夥伴的人數不斷增加。固定職位和辦公室的數量都有所下降。遠端辦公、行動工作、虛擬團隊和家庭辦公室都有了長足的發展。

> 只有熟悉人的專家才能創造領導業績。

人們在未來主要為思維買單。市場上短缺而且可以快速應用的良好知識，透過外部進行追加購買。

人們周圍都是適合某一項工作的優秀人才。因此，企業就成為中轉站，成為數位遊民的綠洲。企業被「協作衛星」圍繞，這也是我決定將本書的核心工具命名為「協作觸點管理」的原因。無論採取何種合約形式，協作代表了一種有效的合作。現今意義上的協作者也是一種建設性的員工。

領導者在未來都要面臨全新的挑戰，他們必須學會駕馭新的僱傭模式，學會領導未出勤以及未被僱傭的人員，並使他們盡快展現成果。全新的觸點也將隨之產生。一切工作都將以模組形式進行組織，工作合約更多地通過專案、計劃來組織。企業在這種情況下首先需要網路組織者和計劃主持人。企業不可避免地會喪失對權力的掌控。這時就要求一種完全不同的領導風格，企業需要的是創造可能的人、催化劑及關心客戶的領導者。只有熟悉人的專家才能創造帶領業績。一些人已經做得很好了，表現差的人則會被淘汰出領導階層。

網路原住民：「新」員工

網路原住民是什麼？他們是在網路時代成長起來的一九八〇年代後的人，經由數位媒體實現社會化，也被稱為Y世代。人性化的領導風格是他們的特點，他們將人情味帶進企業管理，同時也為協作管理創造了條件。老闆是報幕員和看護員？這對他們來說是過時的模式了。他們代表著獨立和組織空間，代表著平級觀念和自我組織，也代表著分享。他們不知道統治的理念，也幾乎沒有權力慾望，傳統的象徵地位無法引起他們的興趣，監管模式完全不符合他們的理念。

Y世代認同麻省理工學院管理學教授道格拉斯・麥格雷戈（Douglas McGregor）的Y理論。Y代表對員工本質積極的假設，體恤的領導風格會使其更加積極。強硬派將這種方式稱為「撫慰」，並嘲笑接受這一理論的人是膽小鬼、軟骨頭和池中物。如果人們想粗暴地解決問題，不關注細節與尊重，只注重結果和指標，那麼「軟事實」的數據就沒有意義。（私底下）還總是有人讚賞那些準備為了獲得暫時利益，而毀掉公司價值觀並且犧牲員工的人。不久前還有人對我說：「讓我們優秀的企業醫療體系去照顧那些不能忍受的人吧。」然而，把員工當作木偶的時代已經一去不復返了。3.0時代的員工要求一種全新的領導理念。

把員工當作管理體制木偶的時代已經一去不復返了。

活躍於社群媒體（Social Media）的行動終端的精英，早就開始發展一種更具道德標準的行為文化：尊重價值、自信、率真、獨立。熟練地與線上媒體打交道是他們最重要的資本。他們鍾情於跟位元（bit）和字節共舞。老闆要求他們再次回到模擬的石器時代，這一情景會讓他們震驚不已。他們不會考慮那些無法提供適當工作環境的企業。Y世代期待舒適的辦公室和輕鬆的人際關係，就像他們所熟悉的網路數位化的業餘生活一樣。

如果Y世代面對眾多的工作選擇，他們會為自己挑選那個具有意義的。這種基本觀點影響了整個就業市場。人們的想法不再是簡單地多賺錢，而是要幸福地工作。生活與工作之間的簡單平衡已經無法滿足他們，他們希望工作成為生活的促進成份，能夠讓他們產生滿足感。這將成為「新的標準」。我將其稱為「工作與生活的整合」。

內部觸點管理：企業成功的導航儀

內部觸點管理關心員工在企業的「旅行」，從他們的立場出發看待問題。這種管理模式考慮到了員工對新工作環境提出的要求，以及這一要求日益增長的複雜性。

這一過程共分為四個步驟，目的是協調主管與員工之間的所有觸點，改善互動品質，構建激勵性的工作氛圍，使員工在一種受重視的環境中創造出讓人滿意的成績。主管可以利用每一次互動的機會激發員工的潛能，增強他們對企業的歸屬感，促使他們無論是對內還是對外都為企業進行積極的宣傳。

為了實現這一目標，企業領導團隊需要進行跨部門協作，放眼於長期持續的轉變，所有員工則致力於提高客戶的滿意度。因此，每一次對內部觸點的積極探索不僅會提高員工的工作表現，也會實現資源優化，節約時間和成本，提升公司的品牌影響力，增加客戶的信任度，通過老客戶的介紹贏得新客戶，從而實現企業利潤的持續成長。這種管理方式最終會形成一種組織機制，高效運行，而且非常人性化。

本書的內容可分為三個部份：

第一部份著眼於日趨數位化的商業環境。為了在未來的競爭中贏得一席之地，我們迫切需要瞭解在這一環境下企業的七項任務。

第二部份介紹網路時代的工作環境、以數位化為基礎的新型員工的特徵，以及針對現在和未來的新型領導者和適用的領導風格。

第三部份闡釋協作觸點管理過程（見圖四）。這一部份將詳細解釋如何在這一新的管理模式框架內構建員工、企業管理者和企業主之間的觸點。這一管理模式的前提就是設立內部觸點經理人。

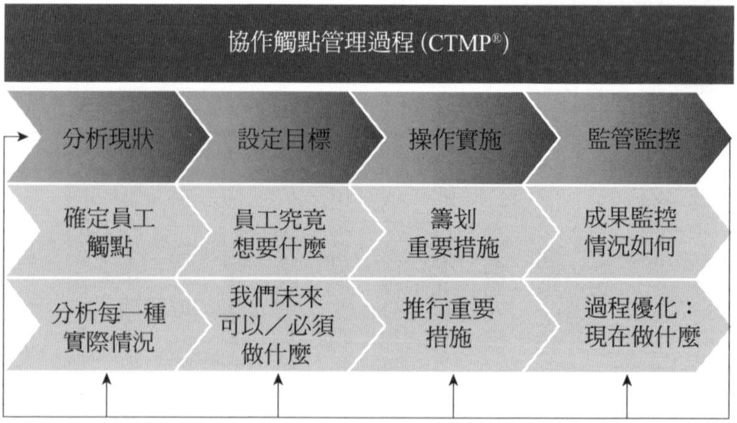

圖四　協作觸點管理過程（CTMPR）的四個步驟

我並不打算僅僅告訴讀者這一旅程將會通往何方，因為市場上已經有了很多關於未來走向的書籍。然而在這一轉折時期，有預見的企業主要想知道一點：「我現在要怎麼做？」他們希望針對這一棘手問題得到具體的解答，也就是具體的例子、建議和提示。眾所周知，理論應該付諸實踐，所以本書在理論策略的宏觀層面與日常操作的實踐層面搭建了一座橋樑。

祝您閱讀愉快，並在實踐過程中取得成功。如果有可能請寫信告訴我您的實踐情況，我非常期待您的來信。

安妮・M・許勒爾

目錄

Contents

Contents

目錄

Contents

PART 2

網路時代的新型領導與員工 067

目 錄

Contents

目錄

Contents

Part 1

商業新世界中企業的七項核心任務

01
撲面而來的商業新世界

偉大的變革正在展開，全新的競賽正在進行，機會將被重新分配。我們置身於有史以來最偉大的變革之中，但幾乎沒有察覺，這是因為我們過份關注當下。生活方式、購物習慣和工作風格方面發生的變化早已顯而易見。有魄力的公司不斷提出新鮮大膽的想法，他們以驚人的速度推動市場向前發展。一切事物都加速老化，世界變得愈來愈數位化、複雜化，也更加社會化。

人們相互之間愈來愈近，愈來愈團結。人與人之間的相處愈來愈隨意，溝通也更加直接。存在替代了擁有，扮演著更加重要的角色。人們的視角由「我」逐漸發展為「我們」，分享取代了劃界。隨之而來的就是民主化過程。如今操縱公司的並不是股東利益，而是客戶的願望。新形式的親密關係已然出現，我將其稱為第五種忠誠（後面會詳細解釋）。傳統社會結構正在崩塌，虛擬網路取而代之成為社會關係的聚集點，同時也扮演了「助產士」的角色，並成為新文化的物質載體。「網路原住民」更是其中的核心人物。

這一時代轉折不僅波及作為一個共同體成員的個人，也關係到作為整體的社會。這一變化既關係到經濟發展，也相應地影響到組織的內部生活。當下最重要的關鍵詞是：開放、扁平化、跨界。代表一個企業聲譽的「軟因素」始終具有決定性的意義，而且聲譽本身也將成為企業價值的重要組成部份。

聲譽將成為能否成功的決定性因素。

然而與形象相反，聲譽並不是企業單方面可以操縱的，因為聲譽並不是源於企業自己的意願，而是產生於其他人的所想所言。現在的監督以公開的形式進行，憤怒與不滿會激起浪潮，企業的謊言會迅速演變為一場口誅筆伐。「眾人的智慧」就是要取其精華，去其糟粕：網路是有史以來最偉大的推薦程式。

人們無法繼續使用前數位經濟時代的僵化理念來掌控這種情況。導致企業癱瘓的重要原因是管理太多，對員工的關心太少；等級化太多，協作太少；規矩束縛太多，發揮空間太少；數據統計太多，感情因素太少；自我欣賞太多，對客戶的關心太少。

為了適應新的商業環境，企業必須改變自己的做法和觀念：（表一）對已有體制進行枝微末節的調整是不夠的，而是要引入新的體制。很多事物必須面對創造性的騷亂，某些事物必將遭到創造性的毀滅，這些都是在為新的、適合的事物提供空間，為未來的競賽做準備。墨守成規毫無出路，「系統重啟」即將出現。與技術與產品創新相比，最緊要的是進行管理創新。因為遊

表一

增加	減少
對員工的關心	管理
協作	等級制度
發揮的空間	規矩束縛
感情因素	數據統計
對客戶的關心	自我欣賞

戲規則與以往完全不同。

企業需要著手開展七項核心任務：

- 整合群體智慧
- 實行協作結構
- 削弱對等級制度的感受
- 減少規矩束縛
- 削弱筒倉思維
- 實現數位化轉變
- 加強對客戶的關心

下面將會詳細解釋這七項任務。這些任務是在全新的商業世界中進行員工管理的基礎。

02 整合群體智慧

網路原住民是在數位網路環境中成長起來的一代人。他們始終以群體方式活動，整個網路世界就是他們的家園。在這一點上，他們遠勝那些成名的公司。如果大老們不想失去與市場的聯繫，他們就必須盡快學會如何有效地運用社群網路，並且卓有成效地利用群體智慧。群體智慧就是眾人的智慧，一種在某種程度上自我組織的群體智慧，超越行政管理與官僚主義，可以產生多樣性的創造性思維。

為了實現突破性的創新，當然必須得到專家肯定，有時還需要堅決果斷的領導給予策略上的支持，然而一言堂式的決定也容易將企業引上歧路。如果只是僵化地期待創新，將對一個組織的創造力造成致命打擊。網路中當然也存在需要人們遵從的權威，但卻不是封閉的組織中那種盲目的服從。未來的領導藝術就是將積極的領導效應與員工群體智慧成功地結合起來，並且使客戶積極參與價值創造鏈條的各個環節，實現一種三方的共存狀態。

很多年前，社會學家詹姆斯・索羅維基（James Surowiecki）出版了一本世界級的暢銷書《群體的智慧》（*The Wisdom of Crowds*），他在書中引用很多例證說明了一個群體在正常情況下「比其單個的成員要聰明」。當然這種現象只有在群體組成異質的情況下才會出現。因為同質的群體有著同類的成員，他們意見相同，傾向類似，墨守成規，很難進行創新。異質群體的創造力來自成員不同的思維方式，以及與此相聯繫的願意實踐的特點。群體不參與成員意見的形成，每個成員都具備相關的重要知識，而且每個人都能夠自由地表達意見，只有這樣這個群體才能做出智慧的決定。此外，群體的成員必須能夠見面——在虛擬空間或現實生活中。

為群體智慧創造環境

Skype、維基百科、部落格、活動流（activity streams）和文件共享，以及其他的網路工具，使合作擺脫了真實的地點，造成了一種虛擬的「離散」。然而，人們現在逐漸認識到，在看見對方的情況下才能實現最優協作，因為真實的思想意識會在手勢和表情中體現出來。大部份人都可以藉著直覺判斷對錯，所以當人們身體距離很近的時候才有可能對相應的信號進行解碼。數位化為這一情況提出了相應的解決方案，例如，視頻會議技術。不久的將來我們就可以看到群體成員的3D影像或者全息圖。

其實我們無須期待這些。約翰・麥（Jochen May）在《企業的群體智慧》（*Schwarmintelligenz in Unternehmen*）一書中寫道，領導者現在就可以「為群體智慧的順利發展創造一系列前提條件」。他提出以下三點：

- 訊息流：能力的網路化聯繫，要求每個群體成員隨時掌握所有必要的訊息，同時還要確保時間不會浪費在無用的資訊垃圾上。
- 創新支持：企業需要提供一些措施幫助單個群體成員，讓他關注有價值的想法，有必要時幫助其順利實現這些想法。我們會在後面介紹其中的一些措施。

- 協調行為：協調群體內部的意見多樣性，引導人們在沒有權威的情況下形成統一意見。一般情況下，等級制度妨礙群體，對其發展產生不利影響。

然而，首先要在各個方面為群體智慧的發展奠定基礎。制度化的訊息呈報方式和精心維護的決策壟斷體制，主要是為獲取權力服務，這些只會妨礙群體智慧的發展。員工需要具備群體智慧的行為方式，因為群體智慧要求人們為結果負責任，這會引起人們的恐懼心理。此外還需要勇氣、時間、耐心，不可能輕易地就解決問題。

為了使其更好地發展，還需要寬廣的自由度、快捷的決策管道、高度的靈活性和協作網路。線性結構在這種情況下並不適用，因為這種結構只顯示一個方向，阻礙了人們對其他人的關心，而其他人也許會提出更好的辦法，我們現今面臨的情況複雜程度不斷加劇，自行組織的結構更加適用。最好的例子就是網路這一數位化之母，這是有史以來最成功的商務模式。

網路沒有老闆

人們在網路中集結成群體，他們不斷變換著方向，不斷求新、求異、求好。這裡的網路並不是指資訊的網路化，而是指知識的網路化。這種網路如何運行呢？社群網路由網路平台、網站和社會化網路組成，是一個自我調節的系統。很多人都應該參與過其中的一些形式，不少人已經嘗試過所有形式。群眾募資就是一個有趣的例子，大量的投資人藉由集資平台投入小額資金為一些有價值的計劃集資。網路技術簡化了這樣的集資形式，或者說這種集資形式只有通過網路才能實現。

人類大腦迴路通過二十個左右的神經元連接，因此人們有多種方法可以完成任務，而學習和數量輸出的能力幾乎是無限的。但是如果不加以使用，人們的這種能力就會慢慢荒廢。這個原則就是「要麼使用，要麼丟棄」。知識也是同樣，如果人們分享，知識就一定會增加；如果將知識隱藏起來，它就會慢慢消失；如果知識實現了網路化，就會出現意想不到的結果。例如，創造力會隨著平等參與者數量的增加而提高。所謂的「幸運的機會」也會隨之增多：很多人參加有助於獲得意外之喜。

自上而下金字塔式的組織結構純粹是領導層的自我吹噓

因此觸點公司不需要那些服務於高層的顧問，他們將自己「閉塞的」智慧秘密地透露給領導階層，目的就是由領導向下傳達。這些公司需要的是像扳道工一樣的神經元，他們可以實現最佳大腦迴路。公司還需要起到催化劑作用的（外部）輸入者，他們會喚醒優秀顧問的群體智慧：這些顧問就是自己的員工和通過社群網路聯繫在一起的客戶。公司的任何角落都要為「創新」「創造可能的空間」，方針政策應該為創新的、自負責任的行為讓路。

03 實行協作結構

協作是互相聯繫，而不是互相敵對，同時要打破各個部門之間的界限。在網路化趨勢不斷增強的世界裡，我們需要互相激勵的朋友、值得信賴的盟友和互相扶助的旅伴。蘋果公司將協作稱為「互相促進」。如果公司的組織結構是建立在競爭之上，而不是以協作為基礎，那麼「其他人」就必然是競爭者（如果還沒有發展到敵人的程度）。人們在這種情況下會與其他人隔絕，傳遞錯誤的訊息，以牽強的理由拒絕提供幫助，讓所謂的對手成為犧牲品，人們只能用這種方法讓其他人得不到好處。為了爭奪下一步的成功，當然也為了地位，每個人都盡力拼搶最大的那塊資源蛋糕。只要這種以業績為基礎的單軌制激勵體系仍然存在，以利潤為核心的思維不改變，那麼呼籲人們合作的努力就沒有任何效果。

企業內部執行鏈條快速順暢地協作，要求人們徹底告別本位思想和內部競爭，因為這些情況只能滋生部門的自我中心主義，不利於客戶，客戶很快就會發現企業內部運作不順暢的現實情況。因此，必須精簡充滿繁文縟節的規章制度，明確糾纏不清的責任分工，限制內部政策中的權力層級，還需要重新樹立榜樣，改變組織結構。很多企業都大張旗鼓地宣稱自己以客戶為導向，但至今還沒有一家企業將客戶納入自己的組織結構圖之中。如果企業宣稱自己「以客戶為中心」，那麼就必須將這一理念經由「以客戶為核心」的關係網路之形式落實。

自上而下的金字塔式組織結構關注權力，而不是市場，充滿了等級觀念、僵化思維和順應妥協。形式嚴格的組織中之成員就像這個社會中的某些文化一樣，不健康，也無法長久存在。這些在一定程度上已經死亡的制度體系，在數位化風暴中沒有絲毫存活的機會。因此要活躍起來，將群體智慧帶入你的組織結構，讓你的員工走出小格子，將稜角分明打造成多姿多彩，讓員工們圍繞著客戶和計劃！這就是現代化的網路。你還需要瞭解一點：每家企業都存在網路結構，這是最活躍的非官方關係網，也是每個組織中真實的權力結構。

優先選擇混合型組織

網路中沒有上下之分，也不存在明顯的等級制度。網路中流行的分享文化無法容忍劃分界限。「我的」和「你的」緊密聯繫，互通有無。網路組織形式分散，反應迅速，有著很強的適應性和靈活性，是創造力的孵化箱。企業可以實行一種自由的發展結構，讓自己沉浸於一種創造性的「混亂」之中。領導體系在這種情況下的作用是保障秩序，確保企業的正常運轉。我們可以參考消防隊的形式：火災發生時，所有人都要聽從指揮，認真地按照規章行事；災情被排除，隊長會和隊員一起探討如何在下次險情中做得更好。盡可能多地採用群體智慧，而只保留必要的等級制度，這是一種實用的模式。採用這種模式的組織稱為混合型組織，它結合了二者的優點。

盡可能多地採用群體智慧，而只保留必要的等級制度。

混合型組織就是協作，即將群體智慧與等級制度相結合。成功的範例就是谷歌公司，它成立於一九九八年，在二〇一三年成為僅次於蘋果公司的全球最有價值品牌。谷歌公司將等級制度最小化，將小規模、獨立運行的高效團隊結成廣闊的網路。谷歌公司提供輕鬆的工作氛圍，員工提出的理念就是永遠首先考慮客戶的利益。不僅是公司本身，就連谷歌搜索引擎的理念都是混合型的。無論用戶在搜索框中輸入什麼內容，谷歌都會要求網路列出最有用的訊息。這些訊息會在大約〇・二秒後出現在搜索結果列表的最前面。但並不是每種聲音、每個鏈接都有意義，從第三頁開始結果就很相似了。自身有意義的網站具有「權威」，它們更有力度，可以幫助提升其他網站的意義。

建立全新的組織結構

權威在某些方面有存在的必要性和意義，所以我描繪的組織結構圖不是圓形的，而是橢圓形（見圖五）。領導者可以融入每一個相同的橢圓形網路之中，但仍然佔據著突出的位置。此外，這一形態也適用於會議。正如圖五所示，客戶被賦予一種（象徵性的）核心地位。具體應該怎麼做？你可以將客戶頭像設為螢幕保護，或者也可以問問你的員工，他們肯定會有奇思妙想。

組織結構圖就像一個會議室，老闆會將自己左右兩邊的位置安排給他認為特別重要的人，那麼很明顯就應該是市場部門、銷售部門和人力資源部門的負責人，遺憾的是現實往往並非如此。這些部門負責

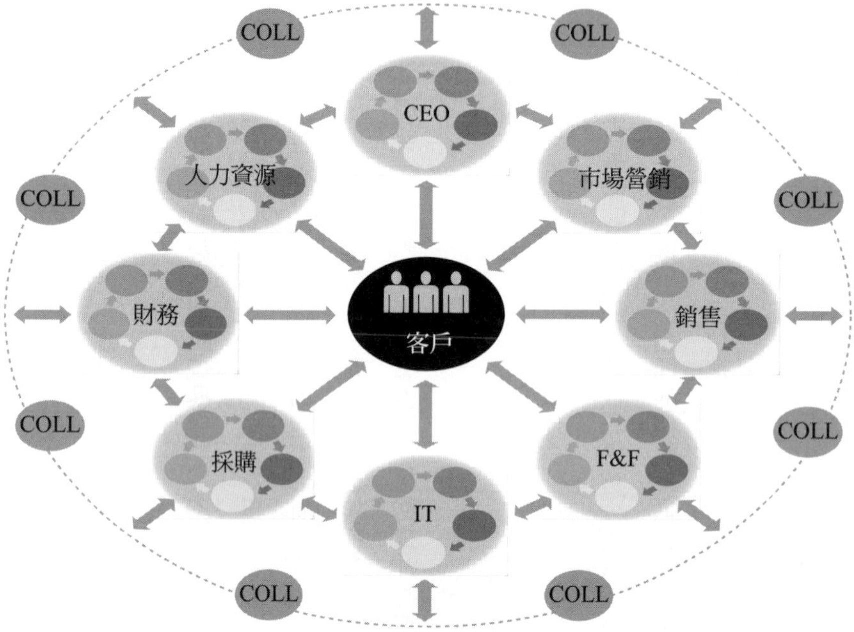

圖五　組織結構的示意圖

企業最有價值的財富——積極的員工和忠實的客戶，理應採取一切措施提升這些部門的價值創造能力。然而，如果是財務和審計部門說了算，那麼能不做的事情就都會擱置下來，因為它們的目標是降低成本，沒有生命的數字這時就會掌控權力。然而藉由數字來操縱人們的想法永遠只是退而求其次的選擇，良好的感覺才是最重要的。

每個人都以開放的形式與其他人聯網，目的都是為客戶的利益服務（大圓裡面的小圓代表可以獨立決定的員工，外圓中的圓圈代表外部協作者）。

如果你現在計劃進行改組，那麼我建議你畫一張示意圖，而不是僅用文字表達，那只是公司網站宣傳的工具，而且這種表達的可信度早就支離破碎了。你需要一張直觀的圖片，將你在未來構建組織結構的想法真實地反映出來，這完全不同於自上而下的組織結構。人們只有看到了圖片，才能產生想像，並相應地按照想像行事。如果人們對群體智慧的價值達成一致，那麼新的組織結構圖就將成為建立觸點公司的出發點。每個公司可以根據自己的不同情況調整這個示意圖。于爾根・福克斯（**Jurgen Fuchs**）和霍爾格・福克斯（**Holger Fuchs**）在《等級制度的終結》（*Schluss mit Hierarchie*）一書中介紹了一種組織形式：領導、員工和客戶在一個水平面上活動。我在之前的一本書中介紹了樹狀組織結構圖：領導是基礎和樹幹，員工是枝葉，客戶是共同努力結出的果實，果子裡面的種子代表著新的客戶。

> 為了讓您的員工發揮才能，請讓他們「飛翔」。

無論你的示意圖最後是什麼樣的，我希望這樣的開始能夠引出正確的問題：這一切對我們意味著什麼？為了使這個示意圖正常運轉起來，我們希望在組織結構、等級制度上做出怎樣的改變？我們又必須改變什麼？我們怎樣實現跨部門、跨等級的群體化組織，抓住瞬息萬變的市場機遇實現盈利？應該使用哪種新的領導形式？我們可以從候鳥的飛行編隊中學到一些東西，至少有一點：為了讓員工發揮才能，請讓他們「飛吧」。

04

削弱對等級制度的感受

兩個人見面時首先會完全下意識地對彼此的地位進行估計：對方比自己權力更大、更有影響力、更聰明、更富有，還是更愚蠢、更窮困？他有能力將這個人從我身邊奪走嗎？他有多高的社會聲望？他威脅到了我的地位或者我的工作職位嗎？我從哪裡看出他的地位是高於我，或是在我之下？這種訊息的流露通常非常微妙，難以言表，可以是問候的方式、目光交流的強度、大幅度的手勢，也可以是講話時間的長短。高音表示要求服從，自信的胸腔共鳴音表示需要尊重，男低音通常比男高音賺得多。大腦能夠做出判斷，尖聲說話只是在演戲，嚴肅的面孔和洪亮的聲音才是認真的。

> 權力都有正反兩面，它使好人更好，壞人更壞。

地位高的人發號施令，他們不需要徵求別人的意見；而地位低的人只能聽從，卻不能發表自己的看法。地位低的人即使說出了自己的看法，也是無足輕重。為了隨時確保自己高高在上，佔據高位的人需要權力的標誌，同樣需要順從的表示。屈從聽命的標誌包括輕聲細語、低眉順眼、垂首貼耳，也包括謙卑的微笑、膽怯的道歉，這些表現能克制一種想要撕咬的衝動。研究顯示，戰鬥中的失敗者如果立刻表示服輸，獲勝者的睪酮值會繼續上升。下意識的謙卑是組織保持行動力的前提，即使今天也是一樣。只有將地位問題解釋清楚才會出現平靜的狀態，只有這時人們才能開始考慮實際問題。

群體需要適當的制度體系，因此不可避免地會出現等級制度，但等級制度並不等於臃腫龐大的體系。將裁撤機構作為一種節約成本的途徑，並不是本書的出發點。我在這裡要說的主要是人們頭腦中的及感受到的等級制度，以及其危險的後果。一個重要的問題是：你企業中的等級制度以何種方式存在？是在高層還是底層？還存在多少純粹形式上的象徵地位，也就是通常所說的「權力的飯桶」？人們會做出哪些語言和非語言的表現來顯示優越性？誰會有這類表現？人們會適時地看出這些信號嗎？通常怎樣對待這些信號呢？誰一直在扮演主人或僕人的角色？有什麼樣的結果？這裡需要大家注意：這些事情會進行得非常微妙，實施者訓練有素，措辭恰當，然而人們還是可以通過揣摩詞語中的意思感受到他們的態度。一切最後都會歸結為一個問題：你會怎樣處理權力？

如果人們單純地依靠等級制度來維護權力，那他們就會不顧（員工私下）反對的風險。權威們只有證明自己行為的正確性，才會得到網路原住民的認可。那些「僅憑職位」而形成的制度性權威立刻就會遭到質疑，傳統的地位象徵已經失去了其影響力。我的一位年輕朋友不太看重等級，她被提拔到管理階層後仍然騎自行車上班，而不是乘坐豪華的商務車。她的同事很快就拜託她不要再騎自行車了，因為整個部門在其他部門面前都抬不起頭。很顯然，這家公司的等級制度仍然通過辦公室面積、花盆數量和汽車等級來定義。但是類似的做法非常危險，因為這既浪費時間，也對公司的氛圍造成了壓力。

權力本身並沒有好壞之分，重要的是人們如何使用權力。權力都有正反兩面，它使好人更好，壞人更壞。權力有著巨大的誘惑力。大腦研究者稱：面對權力，人體的荷爾蒙指數會發生變化，主要是睪酮值升高。人們就成為T型人格，甚至可能變成精神變態者、自戀者和唯利是圖者「三種陰暗人格的結合體」。可能出現的結果包括：肆無忌憚、過份追求結果、以職位做交易、以自我為中心。公司的經營重點就變成了迎合投資者、討好媒體及追逐金錢，完全不管這種做法是否對經營有意義，是否符合大眾的利益。

睪酮這個權力毒品也抑制了同情心。當然，睪酮也是一個厲害的監督者，它關注增長與進步，帶領我們大步前進。然而如果想法出現偏差，睪酮就會變成魔鬼，它慫恿人們不斷擴張，突破法律許可的範圍，產生僵化的視角。每個獲得權力的人都必須特別小心，因為權力會改變人的性格。人們如果愈來愈輕率地對待權力，也就會盲目地高估自己，變得不講道德、喪心病狂，甚至可能會走上犯罪的道路，此種人的社會能力會逐漸萎縮，變得感情冷漠，也不再進行自我反省。通常情況下沒有人會出來制止，因為權力狂人禁止人們發表反對意見。此外，職場上的陞遷與默認領導的錯誤和困境也會緊密相連。

權力與恐懼是一對孿生兄弟

權力總是伴隨著恐懼。積極向上爬的人害怕錯過結交盟友的機會，而已經升到管理階層的人則擔心失去伴隨權力而擁有的特權。結果就是權力的擁有者嚴密監視自己負責的領域，堅持孤島思維（silo mentality），像守衛寶藏一樣保護自己的知識，而非與他人分享。如果主管與員工將對方看作「上面的人」和「下面的人」，那麼雙方關係的破裂就是必然的了。由此導致的人與人之間的冷漠還只是小弊端，更重要的是這種感情會極大地浪費資源，因為這造成了一種威脅、陰謀、妒忌和控制欲籠罩的氛圍。人們的關注點都在自己身上，每個人都只和自己打交道，那麼留給客戶的時間就很少了。最嚴重的弊端是：由恐懼主宰的地方不可能出現創造力。

恐懼主宰的地方不可能出現創造力。

創造力是未來的核心資源。為了從平庸中脫穎而出，挑戰規則的思維是決定性的成功因素。現在已經沒有人願意為平庸買單了。如果一家公司中都是圓滑的員工和沒有自己見解隨波逐流的人，怎麼能形成與眾不同，或者說特立獨行的氣質呢？所有人都只是眼巴巴地看主管的眼色行事，而不是走出去尋找客戶。如果老闆的一句話就會讓一個有價值的倡議擱淺，那麼有潛力的優秀員工將會慢慢明白，他們的想法是沒有用的，也就會逐漸的隨波逐流了。

主管應該努力使自己裝腔作勢的官僚做派降到最低程度，盡力減少大家對主管與員工之間社會差距的感受。如果主管能定期到員工辦公室，而不是命令他們來自己辦公室，就已經是一種進步了，這是盡可能減少不平等感受的一種手段。然而只有具備自然權威和魅力、堅強的人才能做到這一點：親近員工、保持獨立正直的領導品格。這樣的主管即使有一些小毛病也會受到員工的愛戴，人們願意始終追隨這樣的主管。

怎樣弱化等級制度

等級制度可以通過服飾表現出來。如果仔細觀察，領帶就像一把劍。我們會下意識地將這些象徵解讀為信號。有趣的是，只要是嚴肅的商務場合，人們都會繫上領帶，而一旦解釋清楚了合約條款，簽訂了合約，人們馬上就會鬆開領帶，放鬆下來。如果身處權力的中心，進行更大的爭奪，先生們還會穿上馬甲，就像是鎧甲，這似乎是一種額外的保護。

如果想要和員工打成一片，緩和他們的情緒，就要脫下管理者的外衣，換上輕鬆的面孔，這樣員工們就不會那麼膽怯。然後組織就會從領帶束縛中解放出來，豐富多彩的著裝走進辦公室，制服式的「西裝灰」最終從辦公室消失。人們不可能從整裝前進的士兵中得到新鮮的想法。人們永遠對市場上的真知灼見感興趣。

弱化等級制度的運作會取得怎樣的成功？告別孤島思維模式會帶來哪些好處呢？關於領導者慣用的表達方式還有幾句話要說：他們的溝通方式是以受眾為目標，而且適用於目標群體，還是含糊不清、空洞無物，充斥著外來詞？正是後一種表達方式在上下層之間劃下了緊張的鴻溝，這將妨礙公司的成功。相反，如果主管的語言清楚明瞭、具體親切、形象生動，每個人都聽得懂，那麼就會拉近主管與員工的距離，增強員工取得成績的意願。雲山霧罩的廢話不僅會拉大主管與員工的距離，同時也包含著風險：普遍的困惑、誤讀和誤解，這都將導致錯誤的結論和決定。而人們要為這些錯誤付出高昂的代價。

史蒂芬・克勒（Stefan Köhler）是一家廣告公司的老闆，他在《德國商報》（*Handelsblatt*）的一個專欄中寫道：「……對外聯繫不斷優化，而對內溝通則非常刻薄。」用於廣告、媒體和專業記者寫出的高水準文章的表達方式也用於一對一的內部溝通。人們從沒有花心思將媒體報導的語言改寫成員工語言。經由這種行為可以明顯地看出，主管對下屬有多少尊重呢。專業語言像密碼一樣將其他人排除在外，也將其他人降級為門外漢。這不可能是主管們的目的！親近員工的溝通方式會填平鴻溝、建立聯繫的橋樑。我將在第三部份詳細介紹這些內容。

請盤點一下自己的交流方式，堅決扔掉所有的消極因素。

05 減少規矩束縛

有一點是確定的：在通往未來的旅程上人們需要輕裝簡行，因為市場就像兔子一樣，會突然改變行動的方向，市場不會為計劃的數字遊戲、過度的預算和大量的試算表格預留時間。德力（中國）有限公司的口號是：「計劃永遠不能比立刻改變更快。」因此企業首先要卸掉過去商業世界的沉重負擔：從來無人問津的傳統、無人想要宰殺的神牛、已經銹跡斑斑的管理方法。必須要放鬆內部的管制，清除障礙，迅速地改變指令式的監控體系。毫無疑問，拿著過去的武器不可能贏得明天的戰爭。

> 標準只能產生標準成績，而這只能代表平庸的水準。

時不我待，我們還需要改革很多陳舊的方法和過程。這些牢固的體系當然是傾向於保持傳統，而不是果斷行動。監控是一項落後的手段，它只能顯示已經發生的錯誤。官僚主義和行政管理則會延緩或者阻礙人們做出決定，甚至會將決定引致錯誤的方向。標準只能產生標準成績，而這只能代表平庸的水準。這樣的水準能保證計劃的執行嗎？這本身就是一個矛盾的說法！如今企業在市場上的遭遇永遠都是暫時的，唯一確定的就是在新的營業年度的第一天，人們就會發現計劃與實際總是存在偏差。那麼勇敢的經理人在做什麼呢？如果他並不根據現實，而是遵照計劃，這也太荒唐了！

的確，規則和日常規範可以確保業績水準，有助於減輕工作負擔，也能避免惡性事故的發生。但是它也會漸漸導致日趨僵化，總有那麼一天，人們不再考慮「我現在怎麼做到最好」這個問題。如果指導手冊變成了法典，那麼員工就會不加批判地遵照規定的流程幹活，完全不考慮這麼做是否有意義。而他們的上司就會將自己看作規定的保護者，嚴格監督規定的執行情況，員工稍有偏差就會受到嚴厲的懲罰，改良的建議也會被視作對規則的衝撞。進化中的停頓也是預先設定好的，那麼缺乏主動性和隨波逐流的情況就會隨之出現。多元化觀點變成了獨裁觀點，並且與現實脫節，最終演變成簡單的決定。

迷信「ISO」會造成趨同

一個曾經做過火車臥鋪車廂乘務員的朋友對我講道：「火車上的廁所有時會因為技術故障關閉。針對這種情況在服務手冊中有如下規定：如因技術故障導致車廂廁所關閉，應向乘客提供一份免費飲料。」這就表示，火車的服務並不是將客戶期望作為標準，而僅是按照規則來運作。某些經理人似乎已經失去了正常的理智。更糟糕的是，規則會造成趨向一致，也就是說，一切都因為不斷地相互適應而趨向一致性。然而在未來的世界中，只有特殊的、吸引人的、值得注意的事物才有機會。

確保基本品質當然是正確的，在某些情況下甚至是至關重要的。但是如果每出現一個小問題就制定一條規則，每個過程都設置一份表格，那就是執著於過程。這些過程會使組織運行緩慢而荒唐。如果制定一條新規則的同時沒有廢除另一條其他的規則，那麼工作壓力就會逐次增加。最後巨大的規則枷鎖就會將員工變成木偶，他們只能毫無意志力地屈從於愚蠢的指示，強迫客戶接受工業化的服務程序。（「這是我們的規定！」）他們就像提線木偶一樣在電話旁邊或者快餐店的櫃檯裡為客戶服務。

殺死愚蠢的規則！

領導專家萊因哈特・K・施普倫格（Reinhard K. Sprenger）說過：「要改變結構，而不是人。聰明的人在愚蠢的組織中毫無機會可言。」就是這樣！不要再將讓客戶滿意的責任推給厚厚的手冊了，這一責任必須由客服人員承擔。第一步，請減少規則！請將以下內容列入會議的議事日程：殺死愚蠢的規則！具體來說就是，我們這一星期可以廢除哪些愚蠢的規則和行政命令？這裡可以提出兩個核心問題：

- 企業想要什麼？這是基本規定和指導方針，沒有商量的餘地。員工和客戶需要非常清楚，什麼事情可以做，什麼事情絕對不能妥協。這是客戶滿意度的底線。
- 客戶想要什麼？這是吸引客戶的活動空間，員工可以根據具體情況進行創造。當然也需要制定一些遊戲規則和界限，但是應該提供盡可能廣闊的比賽場地。因為只有在客戶滿意之上才是吸引客戶的空間，這時需要員工展示他們的靈活性、個性和即興的才能。

底線之上能做些什麼呢？這需要去詢問客戶！但是首先需要詢問和客戶打交道的員工！只要多問幾次，員工就會很快進入狀態，產生天才的想法。「上面的人」做出決定，但是他們對決定的內容遠不如

「下面的人」瞭解得透徹。正因為如此我們才需要適應群體智慧的氛圍。可惜很多經理人仍然認為組織邊緣不存在有智慧的人。但是事實恰恰相反，對於企業來說最有價值的訊息正是來自這裡。

很多經理人認為組織邊緣不存在智慧的人，但那裏卻存在著最有價值的資訊。

然而，只有員工覺得自己的想法會得到重視，他們才會獻出自己的建議。而且他們需要知道，犯錯誤也不是什麼大不了的事情。錯誤是進化與革新需要付出的代價。我們應該允許嘗試革新的人失敗。犯錯誤是為了學習成功而進行的練習。積極細心的「犯錯學習」文化不可避免。因此公司至少需要保留一條標準，那就是：「反駁老闆！」單是這一點就已經可以催生很多小創意了，這會簡化每個人的日常工作，也會使客戶得到很多樂趣。

06
削弱筒倉思維

我經常出差進行商務培訓，這是我的工作。不久前，我參加了一個行動通信供貨商的管理會議。會議上，一位新上任的行銷經理自我介紹，他是「客戶服務中心的天敵」。我很詫異，因為兩個部門都在為客戶服務。我問他產生這種看法的原因，他解釋道：「銷售部門沒有遵守行銷部門的許諾，客服中心的員工就會接到客戶投訴的抱怨。」

這種部門之間的不協作絕對不是個別現象。為了簽下看起來有利可圖的訂單或者為了獲得豐厚的獎金，行銷部門會許下無法實現的承諾，這會讓其他部門在履約過程中陷入窘境，很多人都對此深有感觸。公司網站或者宣傳材料上還印著早已停產的產品，這讓生產部門的員工感到不知所措，而且人們還會在這種情況下互相推諉責任。汽車生產商將汽車配置的網路展示歸為行銷部門負責，而維修廠中的汽車配置則由銷售部門負責。維修廠的銷售使用一套不同於客服中心的系統，這麼做的結果就是客服中心的服務人員不知道銷售人員對客戶說了什麼，他們必須重新做記錄。一名員工抱怨道：「我們對汽車瞭如指掌，但對人們開的那輛車幾乎一無所知。」

一位銀行的區域經理高調慶祝儲戶人數實現了突飛猛進的增長，但是不得不接受老儲戶的指責，因為根據活動的規定，所有新開設的賬戶如果可以保留一年，那麼儲戶將會得到四十歐元的獎勵，而已有的老儲戶則沒有任何好處。這些人會怎麼做呢？他們也不傻，他們清掉了自己的賬戶，然後重新開戶賺取四十歐元的獎勵。

這些只是每天都在發生的事情中的幾個例子。員工之間你爭我奪，客戶面對這樣的情況只能任憑擺佈。這些現象的共同原因就是筒倉思維。筒倉是管狀的貯藏容器，糧食從上面倒進去，從下面流出來，如果筒倉裡的東西沒有變質，那麼流出來的東西就是一樣的。如果幾個筒倉並列放置，而且每個筒倉裡面裝的東西都不一樣，那麼裡面的東西就不會混淆。在傳統的工業文化和工業化的企業中，這種筒倉結構有著自己的優勢，但這種結構在網路化的世界中就是一個個死氣沉沉的管子。筒倉代表著分工的獨白，而網路則是合作的對話。筒倉提供的是危險的隧道視角，而網路則帶給人們豐富全面的體驗。真正創新的內容都產生在交接點、邊緣地帶，以及靈活的「特遣部隊」活動的地方，而絕不會出現在筒倉中。

筒倉導致只關注輸贏

不久前，某家經銷商的董事對我說：「我們的線上線下渠道在有意識地進行競爭。」分銷經理不安地問道：「如果客戶不斷地在各個渠道之間變化，那麼這些營業額應該算誰的？」我的回答是：「總體來看，客戶是在你們這裡而不是去競爭對手那裡購買。」在筒倉組織結構中，每個部門都想做到最好，因此產生了輸贏的心態，在這種心態的驅動下，人們一定要分出贏家和輸家。為了爭奪預算資源和高層的關注，各個部門在內部競爭中不斷地消耗精力，而不是共同努力為客戶提供服務。各個部門都將自己的精銳人才隱藏起來，不讓其引人注目。各個專業領域之間的交換並不是由用途來決定，而主要從政治角度來考慮。到處都瀰漫著求全保險的心態。當一切都在筒倉中上下移動時，任何事物都不會變化。在這種狀況下，如果調整過程中不能忽視任何人，那麼結果就是沒完沒了地敲打電子郵件，按下收件人，以維持這個非正式的網路。

伴隨著筒倉思維，產生了很多維護自身地位的做法，而為了美化自身的形象，甚至不惜利用整個組織。這時人們關注更多的是層級而不是內容，但前提是要有非常大的規模！當總部籌劃的新產品展示還在逐層向下傳遞時，公司的上層就已經在醞釀下一個計劃了。如果樹立形象的人得到陞遷，那麼他的繼任者就會扮演獅王角色：咬死所有的前任黨羽，然後重新培養自己的心腹。

等級制組織如何向創意空間學習

經由自由職業者中知識精英的宣傳，人們已經熟悉了共同工作空間和創意空間。這種非常態的辦公室形態滿足了人們對創新人際交往的需求，將潛在的溝通與靈活的工作時間結合起來，是一種協作的群落生態環境，也是未來辦公室的範例。這一概念也符合本書的理念，因為這一概念一方面藉測驗和學習描繪了不斷變化的過程，另一方面也是對傳統組織等級制度文化的突破。

共同工作空間最初只是資訊人、文藝人的聚集點，後來較大的公司也對此產生了濃厚的興趣。就連大集團也派員工進駐共同工作空間，使他們脫離日常事務。「我們就想要這樣工作。」那些（必須）返回自己辦公室的人都這麼表示。因此，圖易公司（TUI）在漢諾威大學附近的Modul 57創建了自己開放計劃的工作空間。在那裡工作的人都表示：「這是一個為創造力充電的好地方。」其他地方也已經將創意空間的概念引入企業內部。過去員工在大辦公室的「格子農場」裡機械地完成每天的工作，現在這種狀況得到了改變，這種類似廣場街市的辦公環境形式靈活、鮮艷明亮，有利於激發靈感。弗勞恩霍夫勞動經濟與組織研究所（Fraunhofer Institut IAO）的「Office 21」專案經理史蒂芬・里夫（Stefan Rief）在接受Maneger Seminar採訪時解釋說：「新的空間理念必須解除我們自己設置的已有障礙。」這種情況下產生的聚集點不會給筒倉思維和權力結構留有任何空間。

共同工作空間就像通往未來工作的一扇窗，也是未來商務模式的實驗室。琳達・格拉頓（Lynda Gratton）是倫敦商學院的教授，她在《哈佛商業經理人》（*Harvard Business Manager*）上撰文指出：「可以想像這一空間也可以對外部打開，例如對客戶開放，他們始終期待著參與產品和服務的發展。」是的，一定的！客戶的每一次參與都將幫助公司脫離筒倉的狹小空間。本書在後面還會講到這部份內容。

07 實現數位化轉變

我們必須很好地與資訊科技人員協調，因為在訊息化浪潮不斷高漲的過程中，他們的意義與日俱增。數位化革命已經席捲了幾乎所有的公司領域。在對凱捷（Capgemini）資訊科技趨勢部落格（IT-Trend-Blog）的採訪中，趨勢研究專家彼得・維普曼（Peter Wippermann）指出：「我們很難想像未來還會存在不與全球資訊科技網路連接的人或者機器。」企業中的每一個人都有義務掌握全面的數位化知識。

公司內部的資訊科技員工別無選擇，他們必須拓展過去封閉的內部資訊科技服務，同時還要負責確保數據安全。雲計算、大數據和自帶設備辦公（Bring your own device）是這一發展中的核心組成部份。這就是事實！維普曼提醒道：「大數據不僅是一項技術，也是一種文化挑戰，因為數據還不是知識。只有提出正確的問題並建立正確的連接，數據才會產生有用的認識。」大數據（以分析為目的的海量數據即時處理）不僅要求大量的服務器，更需要積極投入的智慧大腦。

擺脫僵化的數位觀

現今世界充斥著海量數據，但盲目依賴數據卻很危險。阿克塞爾・格羅格爾在《超越明天》這本書中強調：「獲取訊息愈來愈簡單，但是在日漸洶湧的訊息洪流中準確定位愈來愈困難。」伊馮娜・奧茨曼（Yvonne Ortmann）在技術雜誌 t3n 中撰文進行補充，她認為知識與訊息的累積無關，因為訊息可以隨時隨處調取，「重要的是將訊息進行合理轉化與應用的能力」。真正重要的不是數字欄，而是員工、企業和客戶之間的觸點，但這常常是人們忽視的地方。人們在（數位）墓地中只能找到屍體，但是也可能由數萬億的位元積累出新的認識。

指數當然非常重要，而且其可量化的特性將幫助我們區分良莠。但是很多董事會對數字的依賴性糟透了。人們經常在偏激的狀態下做出錯誤的決定，但重要的是人們可以對這些決定進行評估。管理資訊系統生成的大量數據表格，這些表格構建了一個由隨意確定的幾個季度組成的數據世界，這個世界導致權力中心接觸不到真實的狀況。沒有人可以逃脫指數的枷鎖，就連員工的表現也靠「儀表板」和「駕駛艙」來操縱，好像把人當成了機器，只要測量轉數就可以確定性能。從每年九月份開始，報告和預算程序讓公司一半的業務陷於停頓，這種做法消耗了大量資源。我有時覺得這是用一個計算器就能完成的計劃，因為只要能夠處理數字就可以，完全不需要和人打交道。

不妨用電腦算一下：預算程式和整個監管體系會帶來怎樣的投資回報率？人們沉浸於數字世界而不能給予員工和客戶應有的關心，這樣導致的機會成本到底有多少？最後，人們還應該思考一下這個非常重要的問題：公司將三分之一的成本用於管理，至少一半的時間用於和自己打交道，更主要的是滋長了官僚主義，這些累積起來代價會有多大呢？年輕的企業家們早就明白了一切。與精簡迅速的行為和顛覆性的創新競爭，臃腫的老派官僚主義絕無獲勝的可能。

為求數字準確，人們在仔細核對上浪費了大量時間。較大規模的會議都遵循一樣的流程：首先是公司高層以簡報的形式展示結果數據，但是第三排以後的人就什麼都看不見了。無所謂！這個環節本來就是自說自話、照本宣科：前面的主講人對著螢幕講話，下面的觀眾認真地玩手機。宣佈下一年度預算的時候，每個人都在盤算用什麼樣的（骯髒）手段可以確保自己的計劃份額。每週五都是「童話時刻」，因為這個時候需要提交每週報表。企業最後並不是按照報告的可行性進行獎勵，而是依據報表中的謊言、計謀與欺騙。如今，「黑天鵝」這種極不可能發生的事件隨時都可能出現，因此我們應該為可能出現的任何情況設計靈活的目標與計劃。「黑天鵝」不會等待預算程序，而「白天鵝」已經不存在了。

> 經理人應該緊隨客戶行進，而不是跟著預算跑

利用數位化新技術

所幸先進的數位化帶給我們的並不只有海量的數據，還會幫助我們完成企業內部的轉型。相應的技術早已存在，只是很少得到應用。這類技術與公共社群媒體軟體類似。企業內部的社群網路也被稱為社群平台，主要用於計劃協調、訊息管理和內部溝通。這一平台有助於公司實現自由、開放和協作的企業

文化。所有員工始終可以參與意見徵集、拓展與評估，甚至可以在更廣闊的平台上參與討論、決定企業未來的發展方向。

網路原住民本來就很熟悉這類軟體，其餘的員工也會很快的愛上，因為一切都非常簡單。每個人都可以擷取各種組織有序的訊息，還可以攔截那些浪費時間的電子郵件。根據Beyond Email公司的迪爾克・赫爾穆特介紹，僅制定會議日程這一項的平均時間就從八十三分鐘減少到了二十六分鐘。人們不需要填寫無聊的（改善建議）表格了。協調並監督一切的委員會也成了多餘的機構。據資訊科技經銷商Synaxon集團董事長弗蘭克・羅伯斯（Frank Roebers）在《哈佛商業經理人》中的介紹，自從引入了協作社群軟體，員工的工作效率提高了四倍。

以下是最常用的協作社群軟體：

- 企業維基：與維基百科類似，企業維基是將企業資訊統一整合的理想方式，可以用關鍵詞目錄的形式供員工擷取。每一位經過授權的員工都可以積極參與，添加新內容，並對已有內容進行補充和更新。逐漸增加的資訊以結構化形式進行保存。這種方式避免了重複的公作，所以整體效率有所提升。離職員工貢獻的訊息也將得以保存。如果解決了所有結構的問題，系統成功啟動，並且整個體系內容充實，那麼「看看維基吧！」就會成為公司的流行語。
- 企業微網誌：Yammer、Communote或者Social Spring的網路服務按照推特原則運行，將企業內部訊息轉變為簡短的形式。這是一種類似留言板和廣播結合體的形式，只要人們能夠打開賬戶、登錄系統就可以發佈訊息、瀏覽別人的意見、轉發並評論訊息。企業微網誌還有另一個好處：企業內部的一切訊息都是公開的，這可以抵制不良訊息的傳播。

- 協作部落格：這是一種針對計劃在內部和外部員工進行合作的非常理想的方式。這種部落格可以用來交流經驗、存放數據、記錄工作流程、統計現狀，以及進行評論。例如，可以利用企業內部部落格統計所有的銷售數據，並不斷擴充訊息。
- 數位建議庫：這種方式可以取代過時的企業建議系統，理想形式是維基、部落格和評估體系的結合體。人們可以在建議庫中發表想法，並藉由文件、圖片、音頻和視頻等形式進行具體解釋。每條建議下面都有一個評論欄，每個用戶可以提出自己對這一建議的看法和／或者經驗。此外還有一個五星評價功能，以及這一建議是否對你有幫助的提問。這個數據庫還內嵌了計數功能，可以顯示每條建議的點擊量。最後還需要引進一個有新意的激勵體系，鼓勵那些最有效率、票數最高的建議，以及最有創意的員工。
- 員工發展網站：這些網站包含一些小規模的培訓計劃（微學習）、培訓視頻、互動主題論壇，以及即時更新的任職和進修手冊。重要的是要取消「一切自上而下的原則」。這種形式主要是一種社會學習平台，人們完全按照遊戲化的原則輕鬆互動地學習。這些網站當然需要與企業部落格和維基等聯網。
- 內部企業部落格：無論是公司主管、員工，還是實習生，都有權登錄這個部落格，他們可以在這裡發表他們關心的內容。人們還可以利用評論功能進行討論。管理員負責討論有序的進行。管理階層應該定期參與討論，誠實坦率，而且可以接受直言建議，這樣才能使這種部落格繼續辦下去。
- 行動應用程式：現在遠端辦公的員工人數不斷增加，未來將是這種利用行動終端的社群軟體應用程式的天下了。人們隨時隨地都可以進行行動學習、協作和互動。虛擬訊息通過增強實境技術轉化為現實，並在手機（或者谷歌眼鏡）上展現出來。

通過以上簡短的介紹可以看出，你有多種選擇，可以根據自身需要選擇相應的工具。無論選擇了哪一種形式，公司內部的整體氛圍都會實現新的轉變。工作效率將會提高，團隊感會增強，內部團結也會大大增加，一切分裂的因素都會得到遏制。訊息分享會促進創造力的發展，將整個組織提升到一個較高的層面上。人們隨時都可以看到成績，而且成績也會得到相應的評價。這種積極主動、共同努力的氛圍會提高員工的團結，最終產生一種「我的孩子」的效應，人們當然不會不顧自己的孩子。

公司領導階層藉由瀏覽網頁就會發現自己的不足，即使真相有時讓人很不舒服。他們也得到了一把尺標，瞭解作為一個整體的公司是什麼樣子的，哪裡出了問題。他們還得到了眾人的智慧，可以在更堅實的基礎上進行決策。他們可以快速地開啟調查程序並進行表決，這樣就可以逐步縮減主管個人感受與企業實際情況之間的距離。沒有人能夠依賴謠言生存，所有訊息都經過過濾後傳遞到主管那裡，即使這種過濾還是包含著一些企圖。

08 加強對客戶的關心

「我不關心這些咖啡豆需要幾個人簽字，讓我生氣的是整個事情拖了一個多星期，而別人兩天就辦完了。」客戶這種憤怒而無助的抱怨每天都在發生。如果人們看看湯姆・柯尼希（Tom Konig）在《明鏡在線》（*Spiegel Online*）專欄中描繪的情景，上面的抱怨簡直不值一提。員工被禁錮在制度的枷鎖之中，即使他們想要幫助客戶解決問題，也是心有餘而力不足。近幾年，網路上充斥著這樣的事件。經理們為什麼不去看看呢？

企業高層對新一代客戶的利益不聞不問，他們的確認為這是很遙遠的事情。他們看待自己的觀點與別人看他們的觀點反差巨大，就像月亮的光明面和黑暗面。貝恩諮詢公司（Bain & Company）的調查顯示，百分之八十的受訪公司認為自己提供了優質的客戶服務，而只有百分之八的客戶對此表示贊同。

公司的各個領域都存在一廂情願、自我高估以及管理階層對現實錯誤估計的情況，管理階層與員工的關係也不例外：

- 根據Rochus Mummert Consultant的一項調查，百分之六十三的受訪企業老闆認為自己道德高尚，並且受到員工的尊敬；而只有百分之十六的員工這麼認為。

- 二〇一一年的達石調查（Stepstone-Untersuchung）顯示，百分之九十四的受訪人力資源經理認為員工將公司看作僱主；而只有百分之四十五的員工這麼認為。
- 危機管理與領導溝通研究所（IKuF）的調查顯示，百分之七十的受訪經理認為自己有能力進行適當或者有建設性的意見反饋，他們對自己的評價很高；而只有百分之四十五的員工有著相同看法。
- 很多老闆認為自己的員工很幸福，而實際情況並非他們想像的那樣。如果用零到十來表示他們的幸福指數，老闆的估計是七・二；而員工自己給出的數值是五・一。這一數據來自二〇一二年的達石調查。

幸福指數調查的核心結果顯示，如果人們面對自己的主管，他們的幸福感就會降低。如果人們的成績受到限制，他們的幸福感也會下降，因為人們無法表現出自己的最佳狀態。本書還會在後面介紹很多改變這種現狀的方法，但我們還是先要回到客戶的話題。

「你的公司真的將客戶放在第一位嗎？」我很喜歡問這個問題。所有人都會頻頻點頭表示同意，但是一些小事情顯示出實際情況並非如此。

- 行銷演示的前半個小時是這樣的：我們是……我們能夠……我們想要……我們提供……換句話說，我先在這裡說一下，我們非常出色。最後一頁終於出現了：這個品牌已有的客戶關係。看吧，客戶是排在最後的。
- 那麼生產企業的公共區域呢？完全是自我表現：機器部件、微縮的生產廠區、航拍圖、創始人畫像、證書和獎盃。牆上掛著一張巨幅地圖，上面用小紅旗標記公司擴張的地域範圍，但是找不到客戶的一點影子。

- 很多企業網站的第一項內容都是「關於我們」。傳遞出來的訊息就是「你們仔細聽我們說，然後就不要再問了」。很多時候，尋找聯繫方式就像在復活節找彩蛋一樣困難。看來很多公司根本就不想和客戶打交道，因為它們認為這就是在浪費錢！

「一家具有未來競爭力的企業不會將注意力和精力集中在企業內部的計劃、政策、協商和內部的效益展示上，而更多的是集中在市場、競爭和客戶上。」管理諮詢師尼爾斯・帕弗雷根如此總結，並且使用了β組織這一概念。是的，一家企業最缺的資源不是資本，而是在思維和行動上關心客戶的領導者，因為只有老闆關心客戶，員工才會上行下效。客戶第一！這應該成為戰鬥的口號。客戶佔第一位，這在理論上沒有問題，但是實際上呢？老闆們需要更頻繁地與客戶打交道……

> 一家企業最緊缺的資源是在思維和行動上關注客戶的領導者。

領導階層接近客戶

經理們可以向客戶學習很多東西，但是很難在辦公桌上做到這一點。你需要深入消費者五花八門的聲音之中，逃離內部的屏蔽體系，避開空話連篇的文件，以及那些只有少數人參加的高層酒會。你需要親身進行實地調查。如果客戶可以向你反映真實想法，那麼這將比市場調查機構出具的任何一份枯燥的影響力報告都更有說服力。反正這些影響力報告都是廢話連篇，只會提供一些無關痛癢的平均數值。我們更應該關注那些偏差值，因為正是從這些數值中才能得到最有用的訊息：哪些部門運轉良好，哪些地方出了問題。因此，正是那些「難纏的」客戶推動著公司業績的提升，因為客戶反映問題最多的地方往往隱藏著最高的利潤。

一旦涉及與客戶的充分溝通，很多經理的接觸恐懼從何而來呢？我認識一些公司領導階層的人，他們很高興在晉陞之後「終於不用每天和那些蠢蛋扯皮了」。在他們看來，重新和客戶打交道是職業生涯中的一種倒退！大部份員工從沒有和客戶聯繫過。我也認識一些行銷經理，他們寧願誇誇其談地定義自己的目標群體，也不願意親自和客戶交談。還有一些銷售經理本質上就是管理者，他們從未親自進行銷售，從來都是繞道不去客服中心，他們害怕接到客戶的電話。然而也有一些老闆，他們每天都會去客服中心看看，親自接聽客戶電話，這樣的老闆可以為員工樹立一種關心客戶的榜樣。

高階經理人始終得不到坦率誠實的反饋意見。我也許知道該怎麼辦：真人秀《臥底老闆》（*Undercover Boss*）或許就可以讓你有機會識破員工的獻媚，真實地感受自己的公司。貝斯特韋斯特酒店（Best Western）的經理馬爾庫斯・斯莫拉，他挑戰了這一攝像機前的實驗，他對我解釋說：「為了使員工的工作更簡單，顧客的生活更舒適，我想知道服務流程和工作環境的哪些地方可以進行優化。而且這也的確是有可能做到的，因為一切拍攝都是真實的，沒有任何策劃的成份。」是的，為了迅速應對市場的瞬息萬變，老闆們必須親身體驗客戶真正的需求。

然而當真相大白的時候，員工們如何看待這樣一位「臥底老闆」呢？有這樣一篇採訪，採訪對象是

Eismann低溫冷凍品公司的地區銷售經理揚・奇爾斯科，我在這裡簡略複述如下：

「當你得知利克・麥斯納其實是你的老闆米卡・拉姆時，你最先想到了什麼？」

「當我意識到二者之間的聯繫時，我的腦子裡突然湧出很多事情。人們不可避免會把整件事情在腦海中重新演一遍。」

「你就從來沒想過他會是你的老闆？」

「作為一個外行，人們在攝像機前將全部注意力都集中在自己身上，根本沒有時間去懷疑這些事情。」

「臥底行動曝光之後，你有沒有覺得自己被監視了？」

「絕對沒有這種感覺，如果人們整天都待在攝像機前面，那人們就應該很清楚，這些視頻遲早會在電視上播放。」

外部眾包：將客戶當作共同創新者

並非所有的聰明人都在你的公司工作，所以最好能夠找出一些聰明人幫助創新，而且不用立刻給他們發薪資。客戶就是優秀的專家！他們中間隱藏著迄今幾乎未被開發的創新潛力。領先的企業早就開始讓客戶積極地融入價值創造的各個階段。對於一些人來說，這只是市場行銷的噱頭，而其他人已經意識到，客戶的融合切實地改善了企業：失敗比例下降，並且帶來了更大的成功。客戶們越是緊密地參與產品革新，他們就會越喜愛這些產品，而且毫不吝惜自己的溢美之詞。市場研究者早就發現了這一效應：如果公司向民眾表示對他們的意見感興趣，那麼民眾對公司的態度就會向積極的方面發展。

因此必須使公司的各個部門都接受這種外部眾包（externes crowdsourcing）的思維，即借力「客戶的智慧」。但是客戶會不會有被利用的感覺呢？不會的，就現在的狀況來看不會出現這種情況。人們非常願意提供幫助。愛德曼公關顧問公司在品牌分享研究中發現，百分之八十七的德國消費者希望可以與品牌更緊密聯繫。比起被動地觀看，積極參與可以帶來更多樂趣。例如，Joey比薩在臉書（Facebook）網頁上發起了共同創意的活動，網友們藉助配置程式共設計了八千五百個配方。八種創意進入了生產階段。每賣出一份比薩，創意者會獲得五分錢的獎勵。最後獲勝者安妮雅得到了兩千七百七十歐元的獎勵。

客戶中間隱藏著迄今幾乎未被開發的創新潛力。

為了鼓勵客戶參與公司未來走向的決策，每家公司都可以利用這種方式找到適合自己的結合點。這條創新之路不會因為任何人而停止。美國航太總署就曾向全世界發出求助的呼籲。他們想要對比生活在地球和太空中的人在身體方面發生的變化，為此他們選擇了一對單卵雙胞胎史科特・凱利（Scott Kelly）和馬克・凱利（Mark Kelly）兩兄弟。其中一個人在太空站生活三百六十五天，另一個生活在地球上。兩個人需要同時接受心理測驗和身體耐力測試。這一對比實驗可以從無數角度入手，因此美國航太總署呼籲大眾為這一實驗獻計、獻策。

人們當然也可以構建自己的創新平台，其中走在前列的當屬MyStarbucksIdea.com。「你比任何人都清楚怎樣的星巴克才適合你。所以，告訴我們你的星巴克想法。不管是顛覆的還是簡單的，我們都願意傾聽。」咖啡連鎖供應商星巴克就是用這段話邀請客戶來出主意。迄今為止星巴克共收到了十五萬份創意想法。例如，在客戶建議之前，星巴克從沒想到將豆漿納入飲品單。還有一個顧客建議用咖啡來凍冰塊，這樣冰咖啡就不會變淡。

外部眾包不僅可以搞定冰塊這種小問題，也能解決黃金開採這樣的大問題。「金礦投資人羅布・麥克尤恩（Rob McEwen）遇到問題了。」特里斯坦・霍克斯在二〇一二年愛丁堡的全球科技娛樂設計大會的報告中提到，「他的地質學家在新開發的金礦中找不到黃金。他預感到，現在需要一種全新的解決辦法。所以他在網路上公佈了他掌握的所有地質資料，並且發佈高額懸賞。來自不同行業和專業的上百人開始了尋寶之旅。電腦製圖員設計了三維金礦圖，並進行虛擬開採，這一模式與地質學家的專業知識相結合，使開採工作取得了突破」。如果企業啟動這種眾包活動為新產品收集客戶意見，那麼任何一個競爭對手自然也能看到這些大眾建議。「但是他們看不到公司怎樣對這些資訊進行評估與整合，公司設計了哪些篩選程序對建議進行處理，他們也不知道哪些意見具有可行性。」不來梅應用技術大學（Hochschule Bremen）的企業經濟學教授海克・吉默特在《電腦週刊》（*Computerwoche*）的專訪中這樣解釋。

此外，你還可以在www.touchpoint-management.de下載關於眾包和合作創意的免費電子書，其中包含大量案例。如果你遇到了難題，不妨將棘手的問題交給全世界，人們將這種方式稱為開放式創新。人們可以在brainr.de，atizo.net或者brainfloor.com等網站上參與開放式的頭腦風暴。全球性的創新平台InnoCentive匯集了來自近兩百個國家的三十多萬名註冊用戶，他們用自己的思想提供創新的幫助。你如果採取這種方式，就會得到來自世界各地思維活躍的群體智慧。現在人們再也無法回到實驗室，沉迷於自己的天才進行發明創造了，因為最有價值的想法不是產生在重重保護的企業內部，而是來自組織邊緣和廣闊的外部世界。

新職業：觸點經理人

現在的企業都是由外向內進行構建，也就是從客戶開始，構建的方針是由外向內，而不是由內向外。決定性的推動力來自外部，決定公司成敗的不是預設的商業企劃案，而是在觸點上發生的事情。因此，公司不僅需要推行內部和外部的觸點管理方式，也需要觸點經理人。

觸點經理人的核心任務就是在公司的外部觸點全面地關心客戶的需要。這一職位既要從戰略上進行考慮，又要具有執行能力。基本原則就是要將整個企業轉變為一個真正關心客戶需要的組織。因此首先必須清除那些存在於各個部門的客戶服務，因為這些服務既不同步，也缺乏協調性。然後再引入一套完整同步的價值創造體系，這樣就可以持續地關心客戶的需求。就這一點來說，觸點經理人區別於客戶體驗經理，因為後者主要負責逐點改善客戶體驗。

> 觸點經理人的核心任務就是在公司的外部觸點全面地關注客戶的需要。

觸點經理人應該是客戶事務的起點和最高點。他們熟知公司內部和外部與客戶相關的發展動態。他

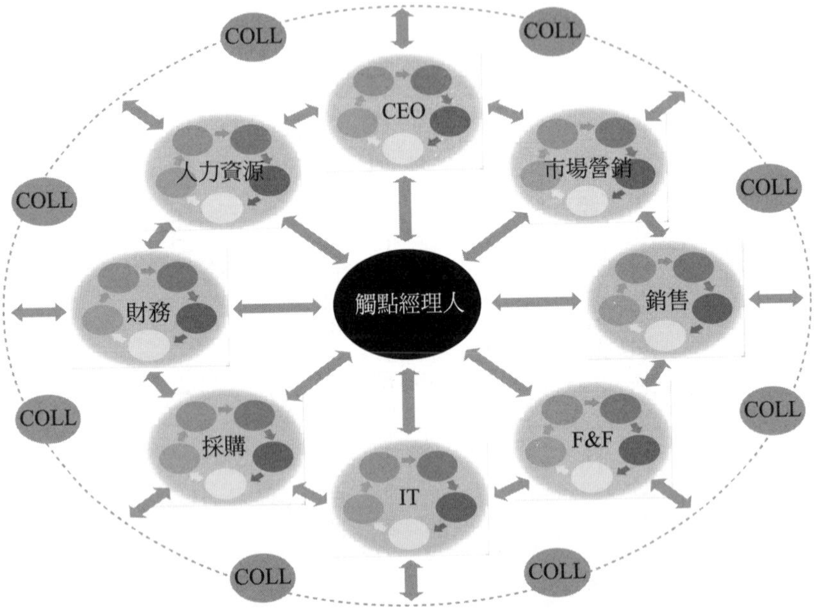

圖六　觸點經理是客戶利益的代理人，他與公司的各個部門以及公司外部相聯繫

們永遠站在客戶的立場，即使這一立場讓人不舒服、他們也要堅持下去。如果是與客戶相關的決定，觸點經理人應該最先瞭解情況並且有權做最後的決定，而且還要有否決權。他們全心全意地為客戶利益服務，並且為之進行協調。他們也要確保各部門之間結束封閉的筒倉思維，至少是在涉及客戶利益的時候。

從組織結構來看，觸點經理人是所有觸點的樞紐和中轉站。他們並不是邊緣人物，而是處於公司的核心位置。每個部門在主要工作以外都與客戶打交道，因此觸點經理人需與各個部門進行跨職能的緊密合作。他們需要領導階層的絕對支持，因為他們不可能一路順暢，也不會始終得到朋友的支持，原因在於作為客戶利益的代理人，觸點經理人必然要觸及弊端。他們的內部代表就是中階經理。為了完成任務，他們首先要爭取這些人的支持，有了他們的幫助及所有員工的投入，觸點經理人就構建完成了觸點混合體的必要形式。

因此觸點管理就可能成為企業文化轉變中具有決定意義的推動力：促成網路化的形成，並且直達現在與未來的客戶。

在中小企業中，觸點經理人擔任跨部門的職務，直接對經理負責。大公司則需要在董事會中設立一個新職位：首席觸點經理（Chief Touchpoint Officer, CTO）。市場行銷部門本應該負責制定針對市場的整體策略，但現在已經逐漸降級為廣告投放機和訊息匯集器，首席觸點經理則可以填補這部份空白。這就意味著觸點管理將代替市場行銷，以客戶為導向的理念將得到保障。

> 觸點管理代替市場行銷，以客戶為導向的理念將得到保障。

實際工作中的觸點經理人

現在輪到讓人興奮的問題了：觸點經理人出現了嗎？回答是肯定的，已經出現，但數量並不多。卡塔琳娜．比爾勒就是其中之一。她領導巴塞爾保險公司的觸點管理，而且是董事會的成員。巴塞爾保險集團是瑞士第四大保險公司，在全歐洲擁有九千名員工，其中三千五百人在巴塞爾的總部工作。集團自二〇一〇年起推行觸點管理體制，成立了一個由五人組成的部門，與公司各個部門的四十名資訊協調員進行合作，負責優化客戶服務。倡導者比爾勒有二十五年的銷售經驗，能深刻體會客戶的痛苦經歷，她對我說：「我們必須有意識地打破等級制度和筒倉思維。」客戶想要對我們說什麼？這就是她行動的出發點。公司建立並引入了一系列方法，將客戶的視角引入公司管理，進行企業文化的轉變，並且建立起系統化的觸點管理機制。

位於腓特烈港（Friedrichshafen）的中型軟體公司DoubleSlash也有一位觸點經理人——亞歷山大・施特羅布爾。他的任務是什麼？「我一方面對我們的客戶進行觸點分析，另一方面與公司經理進行協調，為銷售和市場行銷部門的同事提供支持。我這個角色不屬於組織結構圖中的具體工作職位，而是以專案計劃的形式幫助各個部門制定以客戶為導向的措施。原則上，我的工作僅限於分析和組織，具體實施由各個部門完成。」

我問他設立這個職位的原因是什麼。「我們也在與不斷增加的潛在觸點和管道進行比較，這些都需要維護與經營。對於我們來說，重要的是發現那些值得投資的觸點，有目的地使用預算。……自身經營的盲目性是需要清除的最大障礙。觸點經理人的核心任務就是在各個部門之間搭建橋樑。」

這時我不禁想起另一個問題：有內部觸點經理人嗎？也就是明確負責組織內部員工的觸點經理人，他們能使員工保持最佳表現。不過現在還沒有，但願以後會出現。「員工應該對我們作何評價？」考慮到逐漸轉變的員工賣方市場，這個問題正是一個頗具價值的出發點。我們會在協作觸點管理過程的第三步詳細地探討這個新職業。

有一點是毫無疑問的：企業、員工和客戶之間的聯繫愈來愈緊密。他們結成一個互動的網絡。任何事情都不能破壞這種三角關係。

Part 2

網路時代的新型領導與員工

09 神奇的「新」員工

企業需要員工勇往直前、積極主動、關心客戶、忠誠熱情、與公司共同思考，當然他們也應該是幸福的。企業有了這樣的員工就能取得巨大的成績。他們不僅更有責任心，也更讓人信服，同時也更值得信賴，更有創造力。這樣的員工就是公司在市場上的金字招牌，可以在同類產品的競爭中脫穎而出。公司最大的成功潛力就蘊藏在這些熱愛工作和客戶的員工之中。他們是企業中真正的英雄。

企業需要尋找這樣的員工，找到他們並盡一切可能留住他們。除了企業的吸引力之外，適合各種不同類型員工的領導文化也是決定性的因素。因此現在必須強調引導，弱化管理。經理（manager）這個名詞本身已經給我們提供了這一角色所需才能的反面教材：他們瞭解太多的管理（manage），而對引導知道得（太）少。鑒於工作環境日益數位化和虛擬化的現實，這種兩難的境地可能還會加劇。然而，人們對這一問題已有了足夠認識嗎？理論上是肯定的，而實際中還遠遠不夠，但至少可以寄希望於未來。

員工不希望被管理，客戶也是一樣。

聯邦人力資源經理聯合會在二〇一四／二〇一五年度的「人力資源趨勢研究」中指出了近幾年員工關注的主題。以下幾類是最熱門的：

- 增強領導力（百分之五十五．四）
- 掌控變化（百分之四十八．八）
- 出現專業人才短缺（百分之四十四．六）
- 增強員工對企業的責任感（百分之四十四）

接下來我們就來研究一下這些主題，但是根據「由外向內、自下而上」的原則，我們先說說客戶，然後再按以下邏輯順序談一談員工。

- 首先，我想解釋一下現在員工的角色，然後再思考這一全新的、數位化員工的類型。
- 隨後會解釋為什麼員工的忠誠度比義務更重要，為什麼忠誠度在今天變得這麼重要，如何獲得忠誠度。
- 緊接著會提出一個問題，如何能夠保證員工長期具有責任心，因為這樣就不需要反覆僱用新員工。
- 然後是作為宣傳員的員工，怎樣幫助企業找到新的優秀員工。
- 最後是就業市場現在和未來的變化，這些變化要求哪種類型的新的領導知識，以及需要什麼樣的領導類型。

那麼，我們現在就開始吧！

你的員工也是「保時捷」嗎？

在實現共同的公司目標之道路上，一半的員工還在黑暗中摸索，三分之一的人只有模糊的認識，只有百分之二十的人會定期參與交流，這些數據來自二〇一三年的職位廣告調查。員工如何在這樣的狀況下與公司共同思考、一起行動、共創公司的美好未來？他們最後應該如何滿足客戶的需求？尤其是現在客戶的期望比以往任何時候都高！公司必須牢牢把握住每一個觸點。

現在的員工應該具備以下技能：

- 技術本位（專業人員和專家）
- 主動、負責（態度端正）
- 理解他人
- 激勵客戶
- 為公司傳遞訊息（包括對內對外）

以上是對每一位員工的要求，無論是直接與客戶打交道的，還是與客戶「只有」間接聯繫的，也不管是生產第一線的工人，還是會計、司機：人們總會在公司以外見面。每一位客戶都可以通過社群網路與積極的員工建立線上的直接聯繫。無論是在網路上還是現實中，即使只有一位員工表現得不友好或者不專業，那麼這種印象也會轉移到公司方面。即使只有這一點紕漏，客戶也會將責任歸咎為「這家企業經營不善」。

為了確保安全，人們需要關注以下三點：首先要瞭解公司的想法，其次是專家的意見，第三點是情感獨特的銷售主張（emotional unique selling proposition, eUSP），這種情感獨特的銷售主張是一種公司品牌所代表的情感化獨佔地位。這種主張不僅牢牢地扎根於產品之中，也表現在員工的一言一行中。如果客戶在某一個觸點與品牌進行「接觸」，他們也會準確地感受到這種主張。我們以保時捷為例，這個品牌所代表的賽車之卓越性能是怎樣形成的呢？

> 公司品牌需要一種eUSP，這是一種情感化的獨佔地位。

舉一個小例子，這是我的同事安妮雅・福斯特（Anja FÖster）和彼得・克羅伊茨（Peter Kreuz）在《足跡代替塵埃》（*Spuren statt Staub*）一書中講述的：我們在位於萊比錫的保時捷公司的休息室，當時的氛圍非常好，建築設計也超級棒。商務精英們不斷走進來，他們在活動開始前點了一杯汽泡酒。周圍的一切都讓人感到輕鬆，只有晃動不穩的桌子讓人感到不便。正好有一名保時捷的員工走過來，我們向他要一個啤酒瓶蓋用來墊桌腿。他大約半分鐘後回來，跪在我們面前用內六角螺絲刀調整桌子腿，他不時地抬頭觀察桌上的一杯酒，藉以校準桌面是否水平。直到桌子不再晃動，桌面完全水平，他才滿意地站起來。「哇哦！非常感謝！」我們向他表示謝意。這個年輕人靜靜地看了我們片刻，只說了一句話：「在保時捷公司我們不用啤酒瓶蓋工作。」實際上，這一刻是無法用金錢衡量的。

你的員工怎樣為品牌做貢獻？

你的員工在何時、何地、以何種方式製造過這樣的魅力時刻？

這裡有幾個基本前提：

(1)你擁有情感獨特的銷售主張，一種情感化的獨佔地位。

(2)你的員工很清楚這種地位，而且瞭解品牌。

(3)你讓員工有機會為品牌精神做出貢獻。

五星級連鎖酒店麗思卡爾頓（The Ritz-Carlton）也是一個極具示範性的例子。創造「Wow時刻」是酒店的計劃。來自維也納麗思卡爾頓酒店的西爾維婭・卡勒對我說：「全球七十七家酒店所有員工的任務都是找到機會，讓服務超出客人的期望。最有利的機會就是當客人出現麻煩，而麻煩又不是我們的服務造成的，因為我們的服務是高水準的，這是毫無疑問的。」這樣做的主要目的就是給客人驚喜，為他們創造終生難忘的經歷，這樣他們就會永遠忠於這個品牌，其次是讓他們口耳相傳。

在佛羅里達阿米利亞島的麗思卡爾頓酒店發生過這樣一個故事，並通過社群網路廣為傳播。一個小孩把心愛的毛絨布玩具——一隻名叫喬西的長頸鹿弄丟了。這個玩具不知怎麼出現在酒店的洗衣房。幾天後，這隻長頸鹿經快遞完好無損地回到了主人家，還附有一本可愛的相冊。這是多大的驚喜啊！這本相冊記錄了這隻小長頸鹿的意外之旅：喬西戴著太陽鏡在游泳池邊的躺椅上享受陽光，喬西在Spa享受按摩服務；喬西和酒店的鸚鵡阿米利亞玩耍；喬西駕駛高爾夫球車；喬西參加了酒店的工作。花費不多，卻是了不起的想法，酒店員工不僅送給小客人一個驚喜，也帶給這個家庭一次獨特的經歷，他們自己也一定非常開心。

讓一切成為習慣的儀式

在麗思卡爾頓酒店，講述一個「Wow故事」是員工每天工作的開始。全球的四萬名員工就是通過這種形式瞭解了那些以特殊方式為酒店做出貢獻的員工。每家酒店每週必須向總部報告一個這樣的故事，最好的故事會在全球廣泛傳播。故事的累積產生了一種特殊的精神——一種特有的熱情好客，這種精神使麗思卡爾頓酒店聲名遠揚。當人們走進它的任何一家酒店，立刻就會感受到這種精神。但這還不夠。如果真的發生了一些靠個人能力無法解決的問題，每位員工可以不用事先詢問就為客人支付兩千美元，幫助客人解決困難。但是人們看到，員工會非常聰明地處理這一責任，他們首先會盡力阻止這種嚴重情況的發生。

> 你需要將必要的資金支援和對結果的責任一起交給員工！

只有將員工從規矩束縛中解放出來，只有人們相信創造性想法的巨大威力，這種事情才會發生。還有一點很重要，對結果所擔負的責任與對資金的使用是一致的。為了使這一切傳承下去，最好還有一種增強效果的儀式：不斷分享最好的故事，廣泛傳播最偉大的成功。

經濟學家安東內拉‧梅波奇特勒認為：「品牌行銷最重要的方式就是通過自己的員工進行。」如果你已經創造了這一基礎，那麼就可以確定有多少員工與客戶有直接聯繫。現在只需要將這一數字翻一番，激勵客戶讓他們忠於品牌，則積極宣傳的機會也將增加一倍。

虛擬與現實：距離客戶很近

真正使用關心客戶需求的辦法解決問題的人，會拋棄以自我為中心的角度，深深扎根於客戶的世界。他會問客戶：「您最棘手的問題是什麼？您有什麼夢想？」他也會自問：「我們能給這位客戶提供哪些特殊的解決辦法？我們在哪些方面比其他人有更深的領會？」目的是準備不同的服務，以最佳方式為客戶解決問題。如果你能以這種方式為客戶解決問題，那麼你就是一位有價值的合作夥伴，而不是一個可有可無的供貨商，這種銷售方式會增強客戶的忠誠度，促使他們為你進行宣傳。

我們在這裡仔細考慮一下，人們如何與客戶一道更好地構建觸點互動、簡化生活、增加獲益，或者如何在情感上打動他們，讓他們感到輕鬆舒適，不斷得到新的驚喜。對很多人來說，最大的奢侈不是金錢，而是輕鬆和愉快、安全與保證、寧靜、自由與幸福。客戶會為理解這些需要的公司買單。

客戶怎樣認識員工

想要瞭解客戶必須先要見到客戶。那麼公司就要策劃一下，怎麼讓自己的員工認識客戶。比如說，可以將工廠主管、技術員和工程師派到客戶那裡，或者讓他們在那裡與客戶一起工作。客戶也可以來公司的研發實驗室參觀，提出自己的想法。公司還可以舉辦豐盛的早餐會，讓銷售和客服中心的員工與生產、人力資源和管理部門的員工定期見面，針對客戶情況溝通意見，共同優化客戶服務。

在那些與客戶沒有直接聯繫的部門中，也可以考慮增強客戶的存在感。例如，可以在工作區的螢幕上播放客戶在網路上提出的意見，也可以邀請客戶來講故事，然後讓員工們觀看這些視頻。圖像帶給人們的不僅是事件的名稱，還有具體的影像。所有這些都比老闆每天陳腔濫調的激勵說教更可信。員工的工作有什麼影響？客戶對他們如何評價？客戶的話語都是最鮮活的證據。這些鼓勵極具感染力，可以激勵員工不斷創造新的英雄事跡。另外，員工可以從每一條客戶建議中瞭解哪些做法可以繼續，哪些應該停止。

二〇一三年夏天，香腸生產商Rugenwalder Muhle組織了一次全明星之旅，向我們展示了如何以有趣的方式將品牌、員工和客戶結合在一起。公司的十名員工歷時六個星期穿越德國，與粉絲們進行了趣味競賽，例如香腸湯裡的小船、油煎肉餅相撲或者火腿香腸旋轉。整個活動與社群媒體互動相結合，公司為此投入巨額資金。

員工事先在訓練營中「經過嚴格訓練」，非常清楚自己的任務。我問來自生產部門的員工芮夫札特：「你覺得與客戶的直接聯繫怎麼樣？」「我覺得與客戶的聯繫很好。他們問了很多關於公司的問題，我們作為員工可以直接給出答覆。這讓我覺得很開心。」

我問內勤人員丹妮埃拉：「透過這個活動，客戶可以真實地接觸一個品牌的員工，否則他們就只能在電視或者超市冷藏架上看到這個品牌，客戶對此有什麼感受？」「有些人覺得很棒，這些人對我們說，你們的確在Rugenwalder Muhle工作，我們也知道了你們工作的內容。另一些人卻說：『你們被賣了。』但是我們可以讓這些人信服。」我問了另一個問題：「這能幫助你們提高產品的品質嗎？」人力資源部門的納丁解釋說：「我認為，我們產品的品質已經很好了，很難再提高品質。但是我會轉達這些建議。」

關於網路空間的客戶溝通

不僅公司會在網路上發表意見，客戶和自己的員工也會參加討論。在公司網頁上就已經開始了：員工們講述他們如何處理客戶的要求；客戶談論合作如何順利完成；向新員工解釋公司情況及職位要求的並不是人事部門，而是在職的員工；解釋包裝流程和全程無縫運輸服務的不是專業的發言人，而是來自發貨部門的專業人員；企業日常運轉的有趣新聞也不是經由媒體部門發佈，而是藉著企業內部培訓人員的部落格對外宣傳。

如果有人在社群網路詢問某一種機器的功能，設計團隊的成員直接就可以在評論欄中給出答覆；如果涉及生產領域，那麼員工可以在裝配作業線通過視頻直接做出回答；如果顧客想要瞭解產品的化學成份，那麼就輪到實驗室的專業人員回答了。不用擔心！年輕人從小掌握使用網路語言表達的能力。社群媒體經理人可以為想要參與的其他人傳授一些必要的知識，我們還會在後面詳細介紹這一職位。社群媒體經理人如何找到自願參加的人呢？首先可以呼籲大家參與，然後進行相應的角色分配。大眾看過大量的電視選秀節目已經非常熟悉這種選拔程序了，參與者也樂在其中。

藉助社群媒體進行一對一溝通有很多優勢。很多直接或間接參與的員工都從中得到了提高，他們的自尊心、動力、積極性和忠誠度也得以增強。如果一個人可以用這種方式「正式地」為公司說話，那麼他就不會在背後搞破壞。此外，每一個以這種方式與公司相聯繫的員工也向公司貢獻了自己的個性。每個公司都有一些「奇葩」，他們能讓人會心一笑，也能讓人目瞪口呆，他們比任何印刷精美的宣傳冊都更有說服力。

因此，讓你的公司變得更開放、更友好、更人性化、更值得信任吧！這不僅會增強你在大眾和（潛在）客戶中的聲望，也會提升僱主品牌價值，此外還會提高公司在搜索引擎中的排名和企業網頁的點擊率。這時，全世界會發現：一家毫無創造力的無名企業變成了一個生機勃勃的團隊，員工都是真誠可靠的人，人們可以和他們愉快地交談。這樣的變化很好，因為客戶是和人做生意，而不是和公司打交道。

員工不是數據包裹

- 「好吧，我完全不能理解人們怎麼會有這麼荒唐的想法。」
- 「我絕對不會喜歡這些東西。」
- 「這不是你這種表現的理由。」

老闆們在談到自己的員工時會做出這樣或者類似的評價。

的確，我們所有人都一廂情願地相信其他人和我們看待世界的方式應該是相同的，而我們會非常驚奇地發現，其他人的觀點可能和我們完全不同。所有個體都是有差異的。和長相一樣，每個人的大腦結構都是不同的，因此人們都是以自己的方式思考、行動和做決定。所以員工和你的想法常常完全相悖，這很正常，甚至是一次豐富、拓展的機會。差異性擴展豐富了眼界，使一個團隊更專業，並促進新思想的產生。

每個個體都存在差異

每個人自身的特點是如何形成的呢？一部份源於教育，另一部份則受社會文化影響。還有一些特點是個人的性格使然。大腦運轉的原則是「要麼使用，要麼失去」。經常想或做的事情會作用於我們優先選取的大腦「路徑」，人的習慣由此產生。最後還有基因的因素，這似乎是主要原因。有些人將每一件「新情況」看作預兆，還有一些人看不到機會，只看到危險。這些基本觀點在本質上受神經的指揮，是人類幾百萬年演化形成的結果。

此外，大腦結構會隨著生活的改變而發生變化。隨著年齡的不斷增長，活躍的多巴胺數量逐漸減少，而壓力荷爾蒙的數量卻大幅增加。這一切會使人們更加小心謹慎，循規蹈矩，形成一種沉穩與老成的性格。

兩性之間也存在區別，例如，雌性荷爾蒙會強化關心和責任的模組，而雄性荷爾蒙則更強調佔領與征服。這一點也說明了企業領導階層的構成，為什麼女性很少會擔任主管職務。這也引出了另一個問題：性別領導。這裡並不指男性和女性的領導方式的區別，而是指如何領導男性和女性員工，二者之間存在明顯區別。然而，人們至今幾乎沒有仔細研究過這些差別。我在《觸點》（*Touchpoints*）這本書中闡釋了我對這些差別的想法。

關於人以及數據包裹

近幾年來，經濟界接受了很多分析型的性格結構模式。在現代大腦研究的基礎上，神經心理學家漢斯格奧爾格・豪瑟爾（Hans-Georg Häusel）發現了「邊緣系統」（Limbic System）。科學家西爾維婭・呂肯（Sylvia C. Löhken）使我們進一步瞭解了外向性格、內向性格和中性性格。市場研究者為不同類型的人進行分組，用最新的方式為他們下定義，這種做法使群體擁有至高無上的地位。位於克爾克海姆（Kelkheim）的未來研究所（Zukunftsinstitut）在《趨勢更新》（*Trend-Update*）這本書中按照工作風格將人分為有抱負的人、有創造性的慢節奏工作者、中產階級、數位化的文藝人、中間階層和邊緣群體。

相關的領導管理文獻介紹了大量類型，人們可以據此對員工進行分類。我們對那些人與動物的對比還可以會心一笑，但其他的措辭就有待商榷了。除了那些有成績的員工以外，經常會出現以下形容員工的概念：隱瞞者、誤入歧途者、居民、犯人、隨波逐流者、僱傭兵、叛徒、恐怖分子、破壞分子。這些概念不僅侮辱人格，也非常危險。人們應該更謹慎地措辭，因為詞語創造思想，思想產生行為。

詞語創造思想，思想產生行為。

某些企業只是將員工看作數據包裹，他們被「叫做」：**FXRES-SHM-SAL-R3-BER**或者**MC-CEB-CUC-RCCCH-ODM-1**。還有一些公司把員工叫做屬下、小家畜或者人力資本，這種做法完全剝奪了人的尊嚴！一些臨時性用人企業甚至輕蔑地叫他們租賃人。一位不願透露姓名的部門經理告訴我，他的老闆在會議上把這些部門經理叫做「不長眼睛的蟲子」。「這麼愚蠢的事情我已經很久沒聽過了！我坐在一群傻瓜中間！」另一個人咆哮道。「我必須和這些飯桶打交道。」還有一個人在董事會上抱怨道。

人們應該提高自己的行為修養，為自己贏得關注、認可和尊重。

這就是懦弱老闆的反應，他們擔心自己的地位，為了不讓別人看出自己的狹隘，他們必須貶低訓斥其他人。將自己的員工貶低得一文不值的人不可能是偉大的人！不會讚美的人也不可能在自己的領域做出值得讚美的成績。很明顯，人們應該提高自己的行為修養，為自己贏得關心、認可和尊重。

10 網路時代的員工類型

我希望在這裡引入一種基於員工行為的新分類方法（見圖七），這樣可以避免過份強調心理學的價值，以及與此相關的一切風險。這種分類方法關注的是不斷發展的數位化進程和新的工作形式，所以對新商業時代的領導管理至關重要。

三種基本類型：

- 網路原住民
- 網路難民
- 協作者

其中還伴隨著三個中間階段：

- 網路移民
- （年輕的）自由職業者

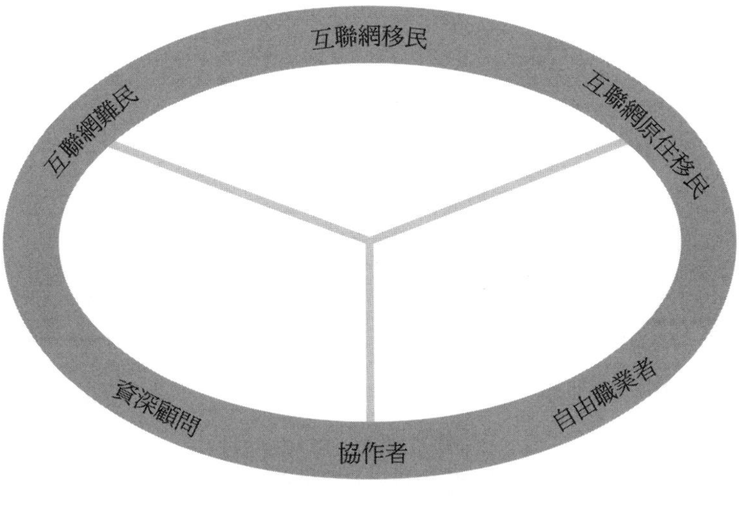

圖七　網路時代的員工類型——關注數位化以及新的合作形式

• 資深顧問

不管公司的規模大小及所處的行業如何，各種組織及其主管在現在和未來都將更加緊密地與這些類型的人進行溝通。從這個角度來看，有必要瞭解一下這些類型的員工，以便在合作中佔據優勢。

新生力量：網路原住民

「我對這裡很滿意，但我還是會定期考察一下就業市場。我也收到了高薪資的職位邀請，但我還是會暫時留在這裡，因為我在這裡可以學到更多的東西。」當我在一家軟體公司遇到二十六歲的楊時，他這樣對我說。有個性的網路原住民始終在尋找新的職業機會，他們也不斷地收到職位邀請。然而，他們非常挑剔，他們優先考慮的不是高薪酬，而是發展空間、個人自由和自組織。預先設定好的職業道路對他們沒有吸引力。

「一輩子待在一家公司？這太沒意思了。」我二十四歲的侄子亞歷山大對我說道。他出生在德國的蘭茨貝格，英國高中畢業後在美國佛羅里達州的迪士尼工作了一年，後來在維也納讀大學，現在正在秘魯實習。琳達・格拉頓在一篇文章中這樣描述：「Y世代是真正實現網路化、全球化的第一代人，他們對文化差異有著深層次的理解。這使他們更容易設身處地地考慮問題，在更廣闊的層面上發展人與人之間的團結互助。」

Y世代喜歡不斷變換職位，他們在這些工作中可以完全按照直覺，檢驗工作與數位化應用的關係。未來學家霍斯特・奧帕斯沃斯基（Horst W. Opaschowski）說：「對他們來說，幸福比富有更重要。」學習—創造—生活，這就是他們的價值世界。他們對一切都保持開放的心態，渴求知識，願意聽取別人的意見。他們有意識地自我「銷售」，甚至有些自命不凡。他們學會在臉書進行的自我展示。協作的自組織是他們的方式，自我優化是他們的目標。

「意義、樂趣、持續發展和繼續教育等問題有著更重要的意義。人們要求工作豐富多彩，員工可以參與決策，工作不能無聊，他們可以融入公司，並且感受到振奮。」Gordelik諮詢公司的首席執行長埃里斯・高德里克在接受專業雜誌採訪時做出上述解釋。「這些年輕人懶惰愚蠢嗎？您怎麼看？」這位著名的人力資源顧問回答說：「我並不覺得這一代人想要少做事情，我反倒認為公司必須為這些年輕的專業人士提供更多幫助。」

他們為什麼會這樣

對於有能力的網路原住民來說，重要的是刺激的任務、實驗性的自由空間和不斷豐富的經驗，而不是手底下有多少員工。等級制的公司形式和領導責任對他們沒有吸引力，權威理所當然會受到質疑，傳統的地位和權力的象徵也沒有什麼意義。有價值的並不是開著豪華轎車的人，而是通過自己的努力使社群得以豐富拓展的人。貢獻最有價值訊息的人會受到大多數人的尊敬，重新成為這些網路的核心。在網路世界中，受到很多人推崇的那些人有著很大的影響力。「權威」需要自己去爭取，而不是靠上層任命。

千禧一代已經習慣了資訊公開，所有人都可以分享訊息。他們不瞭解那些經過筒倉過濾和篩選的統治訊息。網路原住民如果需要資訊，或者為了開始新任務需要構建知識體系，他們不會去問主管，而是會去網上檢索，因為始終處於網路中的人自然會在網路上尋找需要的訊息。如果人們始終將瀏覽和網路檢索看作一種消遣，那麼他們就會迅速地找到需要的東西。他們不會等待老闆的接見，也不會等著老闆在各種會議之間抽出幾分鐘時間來為他們解答問題。

數位化生活的複雜性不斷增加，這消耗了人們大量的時間。在這種情況下，私人時間就成了寶貴的資源，員工是不會輕易地將其貢獻給公司的。MyLife.com的網站調查顯示，大約百分之五十六的社群網路用戶都患有「錯失恐懼綜合症」。患上這種綜合症的人總會擔心錯過一些重要的事情，害怕失去聯繫或者跟不上某一事件的最新進展。Y世代的大腦都是以簡短和快速的方式進行工作。他們喜歡以小單位進行學習。他們的工作風格是流動的，也就是說，他們喜歡從一個工作跳到另一個工作，前一個任務還沒有完成，下一個就已經開始了。只有大家都使用速記符號，大部份工作才能完成。「Tl, dr」（Too long, didn't read.）就是一個例子，意思是「太長，沒讀」，這清楚地表達了所有意思。

命令與控制對網路原住民沒有吸引力。

然而，網路原住民為什麼會這樣？他們大部份是獨生子女，得到了太多的關愛。他們有權平等地參與家庭的決定，以這種方式體驗了合作與分權的人就不願再被禁錮在僵化的等級制度中。他們中的很多人經歷了父母離異，缺少完整家庭的關愛，因此學會了自我組織和自己承擔責任。線上的網路組織取代了傳統的結構。他們想要建立一個人數眾多的社會群體，那麼每個人面對損失就不會那麼痛苦。很多年輕人不再自己開車，因為開車的時候不能上網。網路形象對他們很重要，因此他們會精心維護。網路原住民完全癡迷於反饋意見，他們不停地收集別人對他們的看法。

他們當然也要求另一種方式的領導。十八歲的菲利普‧利德勒是「董事會顧問」，他在接受ChangeX採訪時表示：「我們心目中的老闆不會直接發佈命令，而是提供一種正確的外部條件，他不會表現自己的權威，而是解釋權威，權威指明方向，給出反饋意見，這種反饋不是每年一次或兩次，而是不斷進行。對工作負責任是我們自己的事情。」他在書中也寫道：「如果你們想要得到我們，那麼首先要能夠讓我們成為你們的粉絲。」

企業文化的轉變者

還有一個方面也逐漸發生了轉變：現在的僱主要接受最有前途的應徵者的面試。過去面試中的一個標準問題是：「你對我們公司有怎樣的瞭解？」招聘人員對我們說，現在招聘頂尖人才的情況徹底翻轉，他們會問：「我已經瞭解了貴公司的管理和企業文化，現在請您解釋一下，我為什麼要在貴公司工作？」

毫無疑問，Y世代改變了我們的工作環境。網路是真實世界的擴展，也是社會化的生存空間。Y世代將網路通用的合作原則融入日常工作，並向主管提出了同樣的要求。他們要求去等級化的工作環境和實驗性的工作場地，不希望有規矩的束縛。他們發展了自己的價值結構，這些結構符合他們生機勃勃的行動生活。他們積極投身社會生活，希望完成有意義的工作。他們期望自己的公司也能承擔社會責任。

> 網路原住民告訴虛擬時代的互聯網難民世界從這一刻起會沿著什麼方向發展。

千禧一代以自己的方式改變著企業文化，設法使商業世界與社會同步發展。在現代社會中，重要的是減少差異性，強調共同性，使人們處於相同的等級。他們稱其為對等溝通（P2P），即同等級的人之間的溝通。他們所代表的價值將會對工作的未來產生深遠的影響。

網路原住民的價值觀：

- 合作而非對抗
- 平等和自組織
- 對話和相互影響
- 分享與參與
- 透明和誠實
- 創造性與快速反應

網路原住民以此告訴虛擬時代的網路難民世界從這一刻起會沿著什麼方向發展。同時，後起之秀在接受領導任務的時候也必須學習網路難民的工作方法。

傳統面孔：網路難民

「不久前我們招聘了一個二十歲的年輕人，他從沒寫過電子郵件。」最近一位頭髮花白的老人對我說。是的，兩個人在這一點上還是有共同點的。對於某些網路原住民來說，電子郵件已經是古老的方式了，因為他們都是通過WhatsApp來溝通，而在公司的管理階層中仍然堆積著大量的列印文件。不管人們是否相信：根據二〇一三年的Bitkom調查，百分之十八的公司沒有自己的網頁。

兩代人之間存在著巨大的鴻溝：年輕的網路社群離開網路就束手無策，他們在形式上已經與他們的手機融為一體了，而另一些人則剛剛開始他們的發現之旅。因此現在有很多「銀色衝浪手」滿懷激情地在臉書網上尋找那些早已在那裡等待他們的年輕朋友。《法蘭克福匯報》（*Frankfurter Allgemeine Zeitung, FAZ*）主編弗蘭克・施爾瑪赫（Frank Schirrmacher）的《回報》（*Payback*）和大腦研究者曼福瑞德・施畢策（Manfred Spitzer）在二〇一二年出版的著作《數位化癡呆》（*Digitale Demenz*）讓人們感到震驚，這種感覺至今讓人心有餘悸。這兩本書試圖針對所謂數位化轉變引起的所有變化發動全方位的攻擊，並向我們解釋，我們在這一過程中如何失去了理智。二〇一三年夏天，德國總理梅克爾的評論也加入其中，網路可能「對我們所有人都是新大陸」。這些評論引起了極大的媒體效應和大量關於「新大陸」的線上討論，在很多人眼中，這是將整個德國說成了數位化的原始人。其實一切早已不是新事物，二十世紀七〇年代就有網路了，九〇年代末就出現了社群網路，二〇〇七年蘋果手機iPhone問世。

無論如何，數位化轉變正在全速前進。不管人們願不願意，虛擬化的世界仍然存在。對於年輕的Y世代主管來說，他們必須學習如何去領導那些前數位化時代的員工，他們具有工業化社會特徵。這個時代的人還將工作看作履行義務，認為主管對於一切人和事都有工作指示，員工無須過問，只需要忠誠認真地完成工作。奉行的是蘿蔔加大棒的原則：做得好就會有獎金和升職，做不好就會受到警告或者開除。人們習慣於外部的刺激因素。每個人的頭頂始終懸著壓力和控制的潛在危險。

- 「這裡的每一個都可以被取代。」
- 「如果你沒有什麼貢獻，就可以走人了。」
- 「我這麼說了，所以就得這麼做。」
- 「你只需關心自己的工作，思考的任務就交給我吧。」

這個時代的人經常聽到這樣的話。

公司希望員工有責任感和等級意識，應該順從而且勤奮。他們在八小時工作時間內要放棄自主決定，按照公司的要求工作。這樣做的結果就是循規蹈矩，員工行為普遍缺乏遠大的抱負，工作的動力建立在恐懼的基礎上：擔心受到懲罰，害怕失去安全感、薪水和工作職位。職位陞遷和薪資的高低主要依據任職時間，而不是個人的能力和想法。人們緊緊「依附」於公司，不能獨立思考，至於是否有能力勝任更高的職位就更不在考慮範圍之內了。

困難點在於模擬時代的網路難民一直接受並習慣於這種領導方式，而如今他們只能慢慢地適應獨立工作和自己承擔責任，因為他們從沒接受過這樣的教育。

中間一代：網路移民

網路移民是指一九八〇年以前出生的那一代人。他們或是自願或是被迫瞭解了不斷發展的數位化趨勢。因為熟悉兩個世界，所以他們是新老兩代人之間的橋樑。如果模擬與數位的合作出現問題，他們就會扮演調解人的角色。

當然不存在固定的網路移民，就像很少有固定的網路原住民一樣。很多年長的人思想新潮，對數位化也非常熟悉，同樣也有很多思維僵化的年輕人。人們在工作和生活上與數位化的緊密程度才是重要因素。但這些網路移民在利用數位化時還是不如網路原住民那樣游刃有餘。曾經擔任過IBM技術負責人的岡特・迪克（**Gunter Dueck**）在《專業智慧》（*Professionelle Intelligenz*）一書中寫道：「他們一直使用手機出廠時設置的鈴聲。」如果電腦上出現了什麼新東西，他們就會讓資訊中心的服務人員幫忙關掉。擔心失去（數位化）聯繫的恐懼可能會導致額外的壓力，會使他們封閉退縮，也必然會導致焦慮情緒。公司的中階主管承受著愈來愈大的壓力，在兩個世界之間消耗自己的精力，這種壓力主要體現在以下三方面：

- 在年輕人的迅速反應與自身受年齡影響的行動緩慢之間。
- 在真實與數位之間，數位化的一切並不是他們熟悉的領域；
- 在上下層之間，即在老闆與員工之間；

> 未來的領導事業和專業事業一定會受到平等對待。

好在愈來愈多的公司為網路移民創造了兩條絕對平等的陞遷之路：管理序列和技術序列。這一原則也稱為「雙軌制」，即不是每個專業人才都一定要成為領導人才，這其實非常符合邏輯。但是很多公司的提拔體制仍然自相矛盾：取得良好的業績就會被提拔到管理階層作為獎勵，管理階層的收入可觀，但人們要放棄他們擅長的領域，轉而去做自己不一定擅長的事情。

領導位置應該留給那些擅長與人打交道的人。在公司，應該為專業人才提供廣闊的發展空間，而不僅僅是被提拔至管理階層這一條途經。這樣做最大的好處就是：如果人們不再追求緊俏的管理階層，那麼他們就有更多的時間專注於工作本身，也不用使用骯髒的伎倆。

新的大多數：協作者

傳統意義上的工作關係正在逐漸消失。工作群體中的大部份人都將成為協作者，即在一定時間內在某一企業工作。他們巧妙地處理專案計劃、委託人和工作地點之間的關係。集中工作與休閒的時間不斷變化。人們經由自己創造的平台、網路或者藉助代理人實現自組織。虛擬代理人和虛擬化身很快就會為他們提供幫助。

這就為企業提出了全新的管理工作和領導任務。公司必須學會在一定時間內將這些獨立的員工統一起來，給他們鼓勵，使他們順利地創造最大的成績。在這種情況下，良好的溝通機制和固定的反饋體系發揮著決定性的作用。這些方面都是對一家公司進行評分的標準。在薪酬、公平和工作環境方面不能得分的企業無法吸引全球頂尖的專案經理。比如說，很多企業在和有創意的供貨商打交道時都沒有表現出足夠的誠信，（但願）這種情況會逐漸改變，因為未來的一切都是公開的。

未來學家斯溫．佳博．楊思基表示，頂尖的專案經理人是否會承擔一個專案計劃的三個最重要的決定原則是：

- 專案計劃對個人是不是一個挑戰？

- 專案計劃對世界是否具有更大的意義？
- 個人在專案計劃中是否會和優秀的員工合作？

將擁有不同經歷的優秀員工結合在一起是關注專案計劃內容的最有效方法。三十三歲的建築專家彼得強調：「這是擺脫傳統組織毫無意義的權力鬥爭的理想避難所。」

自由職業者和知識型員工

律師、稅務諮詢師、建築師和企業諮詢師這些傳統的自由職業建立起了一個單人公司的階層——自由職業者和獨立的知識型員工。他們主要從事軟體開發、線上行銷，以及創意和諮詢工作。就這一點來說，他們也應該算作協作者。他們之中很多人藉實習或者短期工作瞭解了企業的內部狀況，而且他們通常在大學期間就建立了一家小公司。因此對傳統公司和自由職業都很熟悉，最終決定從事自由職業。他們在工作過程中也經常會有一些不確定期限的工作契約，但是他們仍然心向自由，喜歡多樣性和職業自主。

女性也屬於新的自由職業者中的主力，她們做一些簡單的兼職工作賺外快，或者豐富自己的生活。但是我們發現，愈來愈多的女性專業人才開始逃離男性管理的不公正待遇。這些女性覺得無謂地淪為「棋子」是非常遺憾的事情。她們不願意每週工作七十小時，還要承受焦慮和騷擾，也不想接受低廉的報酬。她們受過良好的教育，可以在自由職業中大展手腳。有了良好的網路支持，未來還會有更多的女性獲得成功。這種男性自己造成的人才流失會繼續弱化那些男性占主導的組織。

無論男性還是女性，知識型員工都是我們這個不斷發展的網路經濟中擁有知識的高素質員工，他們正在創造一個就業市場上的平行空間。知識型員工分為兩種類型：一種是技術型「呆子」，他們幾乎與其他人隔絕，穿梭於不同的專案計劃之間；另一種是協作型團隊人才，他們是各領域的專家，在一定時間內以自己的才能服務於某一家企業。未來研究所這樣評價：「他們是知識的承載者、傳播者和擴展者，是科學與經濟的中間人。」他們的核心動力是「在創造性過程中的自我實現，他們必須清楚未來有著極大的不確定性，同時收入也會出現波動。」自我剝削也是自由職業的知識精英們要承擔的風險。

自由職業者與導師和投資人一起籌劃，在虛擬的網路和合作場地實現自組織，我們在開始的時候就介紹了這些形式。他們成功的原則是「協作取代競爭，共存取代對立」。工作逐漸實現了「專案化」，這項專案計劃中的優秀人才展現了美好的未來。人們在不同的自由職業者平台上進行供需交流，這些平台提供大量的工作訊息，同時還產生了新的評價方式。企業內部的員工評價體系也可以此為樣本進行改革：為成功的專案計劃設立星級、分數和排名。人們不需要過去那些經過修改的簡歷，也不需要美化相關從業經歷，取而代之的是一個公開的文件夾，其中包括對專案計劃的一些積極推薦。為了在這樣的環境中獲得成功，人們就必須建立一個積極的形象，這將成為新的商業資本。

經驗很重要：資深顧問

「銀行定期委託我對蘇黎世湖邊黃金海岸的房地產進行評估。」六十多歲的烏爾斯對我說。他是我在度假時遇到的一個「不安分」的退休老人。「任何電腦程式都不可能像我的經驗一樣準確地確定房地產的價值。」網路原住民也（還）做不到這一點。這主要在於流體智力（fluid intelligence）和晶體智力（crystallized intelligence）的區別。流體智力包括快速理解、靈活行動和提出原創解決辦法的能力，這種智力會隨著年齡的增長而下降；而晶體智力則會隨著年齡的增長而不斷提高，晶體智力包括廣博的知識、經驗以及分析事物之間聯繫的能力。

資深顧問通常從一個經驗豐富的職業領域退休，然後從事自由職業。他們可以成為潛力股和年輕主管們出色的導師。例如，這些資深顧問可以告訴他們，那些模擬時代的網路難民還會在哪些領域「有作用」。另外，比爾吉特·格布哈特（Birgit Gebhardt）在New Work Order中寫道，百分之三十三的人希望尋找一名資深顧問作為導師。

經驗是無法取代的，並表現為一種直覺。

某些企業又開始重新僱用那些上年紀的員工。然而就在幾年前人們還草率地用「一次性補償款」將他們遣散，很多重要的經驗都在這一過程中流失了。人們在很多地方都需要這些經驗，因為這是在網路上找不到的，更不存在什麼數據包。這些經驗深藏於人們的大腦之中，看起來更像是一種直覺。

直覺是一個人在各個生活階段的所有感情經歷的總和。一個人的大腦對認識、行為方式、策略、方式方法的累積越多，就越能夠想出更好的解決方案。直覺就像是一種只有本地人才能看得懂的縮寫，更像是一條實現目標的捷徑。在複雜性成為日常事務、不確定性始終存在的今天，資深顧問更是公司的一個重要補充。如果沒有時間進行深入的分析，那麼這些顧問的經驗就可以為決策的正確性提供更大的保證。

這些顧問和專家有著多年的經驗，而且敢於憑經驗做出決定，因此較大的計劃離不開他們。他們是那些純粹經驗主義者的寶貴對手，那些建立在純數據基礎上的經驗只會將企業帶入沼澤，而無法引領企業實現目標。

直覺比理智來得更快，因為直覺是即時出現的，而理智則是按照順序連續出現，也就是說會晚一點兒，相對較慢。研究顯示，在做複雜決定的時候最好不要反覆考慮，而是遵從靈光一現的感覺。哲學家漢斯・馬格努斯・恩岑斯貝格爾（Hans Magnus Enzensberger）說過：「大決定靠直覺，小決定憑頭腦。」

打開感情中樞的閘門是明智之舉。如果理智和情感可以密切配合，那麼其中就隱藏著巨大的機遇，其中當然還存在很多障礙。羅爾夫・多貝里（Rolf Dobelli）在《清醒思考的藝術》（*Die Kunst des klaren Denkens*）和《明智行動的藝術》（*Die Kunst des klugen Handelns*）這兩本書中告訴我們，我們會犯哪些思維錯誤，以及我們在哪些情況下可以無意識地摸索前進。諾貝爾經濟學獎獲得者丹尼爾・卡尼曼（Daniel Kahneman）、丹・艾瑞里（Dan Ariely）和羅伯特・B.・西奧迪尼（Robert B. Cialdini）的著作也在這方面給出了很多建議。

工作中共存的多階層員工

「如果你不是固定員工，那麼你就是第二階層！」瞭解情況的一個人這樣對我說。他失去了自己的固定工作，通過兼職中介又回到了原來的公司。不只是縮水的薪資讓他難過，很多微妙的跡象都表明，他不再真正屬於這裡了。對身份和社會聲望的影響比金錢的損失更讓他難以接受。

工作模式的細微化同時產生了正反兩方面的影響。從社會學的角度來看，產生了一種新型的多階層社會：一方面是有著固定合約的骨幹員工，另一方面是外包的員工，他們的收入差距很大。愛爾蘭經濟社會哲學家查爾斯・漢迪（Charles Handy）在幾年前就描繪了這一發展趨勢。他使用愛爾蘭國花三葉草作為象徵，三葉草組織（the shamrock organization）建立在三個核心元素之上：管理階層的核心團隊、外部專家和外包領域、必要情況下僱用的「簡單」工人。

這一情況在生產型企業中愈來愈成為一條規律：固定員工的收入通常會高於薪資標準，他們和處於收入底層的臨時契約工緊密合作。這種情況已經非常矛盾了：承擔著最大失業風險並且給予公司最大靈活性的人得到的卻是最低的薪資待遇。還有一點：固定員工享受企業提供的所有方便，而外部員工什麼都沒有，從工作服就可以看出後者「不是自己人」。只要一些常態工作還沒有實現自動化就會外包給供應商，然後再低價回收。拋開公平的問題，企業主管們必須自問：人們應該怎樣激勵這樣的員工使他們成為一個整體？人們如何確定這樣的團隊不會形成令人不快的等級制度？

完全是不安定因素：內部的「等級制度」

根據未來研究所的分析：「隨著工作環境波動性的不斷增加，受經濟下滑危及的群體、邊緣群體、弱勢群體的比例也不斷加大，用一句話概括就是生活困難的人愈來愈多。即使他們工作努力，在企業結構調整或者採取合理化措施的時候首先受波及的仍然是這些人。」所有電腦可以完成的事情都會被系統化加以解決。只有困難的、個性化的、定制的和特殊的任務還是由工人完成。如果知識可以通過網路查詢獲得，即使過去的專家也會降級變成普通工人。因此好工作和差工作之間的差別愈來愈大。就在領導階層為了一個虛幻的節約成本計劃歡欣鼓舞的時候，公司的最下層則產生了一個新的等級制度。如果社會差距過大，就會產生隱憂。

除了最底層的困難人群以外，第二個階層就是那些簽了臨時契約的員工，公司根據需要僱用短期員工，任務完成後就會將他們辭退。這樣的工作人員變化頻繁，而這種人員流動對部門的每一個人都形成了負擔。不斷有職場新人需要熟悉工作，他們當然會犯各種各樣的錯誤，因為工作需要長期的磨合。這些新員工缺乏專業能力，也不可靠，客戶會因此流失。短期工作後要離開的員工和新來的員工之間並沒有任務交接。老員工反覆解釋相同的內容，他們總會感到厭倦，心灰意冷的客戶最終也會離開，更不用說日益惡化的市場聲譽了。認真計算一下就會發現，由臨時契約節約下來的短期成本基本無法抵償長期的機會成本。你是否清楚地要求負責人將這些成本計算在內？你如何確定這些臨時工能夠盡可能迅速地創造產出？

第三階層是短期參與專案合作的外部專家，他們有時會創造巨大的價值。有些員工對這些人並沒有什麼好印象，他們覺得這些顧問團就像一群蜜蜂一樣在公司到處亂竄，用多餘訊息、簡化過程和成本效益來考核一切工作。按照他們的考核標準，公司應該用一半的工人完成兩倍的工作，他們稱其為壓縮工作。從這些情況中吸取的經驗：人們必須謹慎對待這些專家，最好只交給他們必要的工作，而不讓他們瞭解各種訊息。如果你將準備工作交給第二階層和第三階層完成，那麼工作將無法按計劃完成。人們只是表面上合作，心裡都希望這份吵鬧的工作快點過去。這種預設的經驗給內部和外部員工的合作增加了負擔。人們必須提前考慮到這一點。

「我們」和「他們」

下次活動時你可以觀察一下，如果很多人聚集在一起，他們就會形成一個群體。群體內部會有不同的角色：吵鬧的人、安靜的人、發言人、反對者、支持者和中立者，這時也會出現內部爭吵。然而一旦出現另一個群體，那麼每一個群體都會形成一個統一團結的單位，並且立刻開始試探過程：是敵？是友？永遠是相同的遊戲規則：「幫助自己群體的人！為他們作擔保！以他們為榮！為他們說好話！要忠誠！」

人們對外劃清界限，這種做法經常伴隨著與其他群體的激烈衝突，而群體內部的人則彼此信任。只要沒有人「至上而上」地干涉，群體內部就會實行社會化監督。團隊就意味著，聲譽就是資本。脫離團隊的人會受到惡毒言語的誹謗。人們「貶低」這個人，就是為了減輕損失的痛苦。一個群體越是閉塞，那麼「入會」的程序就越是煩瑣。譴責「抹黑自己國家的人」和「叛國者」的手段有時是非常殘忍的。

這種「我們」與「他們」的區別越明顯，群體內部的社會身份的感情就越強烈。某些公司的敵對情緒簡直是一種傳奇，例如可口可樂和百事可樂，或者麥當勞和漢堡王。它們肯定浪費了很多資源，很可能也動員了很多人。

> 內部的敵對形象是致命的，強烈的部門本位思想也是有害的。

組織內部的敵對則是致命的，強烈的部門本位思想也是非常有害的。陰謀詭計和內部對抗會摧毀

「我們」這一形象。人們藉由距離、對抗和自我封閉來維護這些巨大的差別，與之相反，則會促進開放和接觸。如果企業上下層和各個部門之間加強合作，在同一平台上共同籌備組織計劃，則對公司的發展非常有好處。

因此，我現在立刻就可以給出一條具體建議：不要與每個員工單獨談話，而是進行團隊會談，還應該打破部門之間的界限。那麼所有人就坐上了同一條船，大家可以一起研究實現目標的方法，這樣成功的籌碼會大大增加。因為在實現目標的路上，眾人的力量一定勝過個體的力量，而且大家還有著相同的目標。你同時也擺脫了一個臃腫龐大的監管體系，這會節省很多時間，而且預防了利己主義的出現。因為如果個人的目標與經濟利益掛鉤，那麼人們一定會以最小的付出獲取最大的利潤，即使這麼做會增加其他部門的成本，甚至會給公司帶來損失。

我們工作環境的虛擬性不斷增加，每個部門就像一個衛星，領導階層最重要的任務就是在公司內部增加員工的歸屬感和團結性。持續的對抗和內部競爭會帶來最佳結果，這只是上層主管的幻想。事實正相反：只有通過協作，知識型員工才能取得豐碩的成果。如果一個人長期在一個拼湊的團隊工作，那麼他就要特別善於帶動團隊的活力。如果團隊內部的聯繫太弱，那麼成員很快就會去尋找那些穩定而且運作良好的團隊了，可能是其他的專案計劃、其他的團隊，或者其他的組織。

11 員工的忠誠：當下的必要條件

不久前，一位經理在研討會上對我感歎道：「忠誠的員工？哎，許勒爾女士，真的不要再提這件事了！」的確，忠誠現在已經變成稀缺的資源。幾十年的良好關係變成了一種讓人驚奇的稀罕物。片段式的陪伴是大勢所趨。固定合約之上籠罩著永恆的暫時性。不停地更換工作早已成為一種常態。對新工作期待的喜悅超過了對老東家逐漸退卻的熱情。所以某些行業的員工流動率已經接近速食店了：員工每年整體更換一次。

大部份公司的管理階層也難逃這種狀況。首席執行長的平均任職時間不到五年，銷售經理和行銷經理的更換時間是兩年。毫無疑問，如此頻繁的人員變動一定會影響員工的忠誠度，因為忠誠產生於人與人之間的交往。人們需要時間來培養忠誠。忠誠並不是單行道，而是建立在雙向互動之上。錯誤的領導行為會在頃刻之間將其摧毀。

如果所有情況都這麼糟糕，那麼我們還有必要談忠誠嗎？當然！我們還能擁有忠誠嗎？是的，前提是我們知道忠誠是怎麼回事！我們還需要忠誠嗎？肯定需要！既然現在招聘優秀新員工的難度愈來愈大，那麼我們就應該寄希望於已有的員工。原則就是「招聘新人前進行人力資源開發」。考慮到人口統計學的數據，未來公司員工的忠誠度也是一個重要的因素。人力資源策略基本呈現出兩個方向，夫朗和斐協會（Fraunhofer-Gesellschaft zur Förderung der angewandten Forschung e. V.）和斯溫・佳博・楊思基（Sven Gabor Jansky）表示：一個組織要麼選擇成為「關懷型公司」，要麼發展為「流動型公司」。

招聘新人前進行人力資源開發。

- 關懷型公司有著很高比例的固定員工。公司必須盡一切努力盡可能長時間地留住需要的人才，同時希望將員工流動率降到最低。核心問題是：如何讓自己的公司不僅能夠始終產生效益，還要讓員工在公司生活得很好，讓公司成為值得他們熱愛和忠誠的對象？
- 流動型公司中的固定員工比例相對較小，大部份員工都是短期契約。這樣的公司也要培養員工在合作期間的忠誠，使優秀的人才繼續參加以後的專案計劃。核心問題是：怎樣使外部員工在最短時間內不僅創造出價值，還會成為企業的追隨者和市場上的訊息傳播者？

忠誠度對於企業成績的取得愈來愈重要，所以在這裡詳細闡釋一下現在對忠誠的定義，忠誠有哪些形式，人們如何獲得忠誠，什麼樣的行為會毀掉忠誠，它會為企業帶來什麼。

忠誠在今天意味著什麼

忠誠是最高尚的品德，它不受合約的約束，用錢買不到，也不能強求，只能靠自願奉獻。忠誠是一種強大的內在力量。員工的忠誠不僅體現在行為上，更從內心表現出來。他們做事積極，而且富有成效。他們關心公司的安危，與公司融為一體，將企業利益得失看作自身的責任。無論在公司內部還是公司以外，他們始終讚美自己的公司。他們積極推薦公司的產品和作為僱主的公司本身。這樣極度忠誠的員工無疑是最有價值的員工。請注意：圍繞他們出現了很大的競爭。

員工忠誠度意味著：

- 自願而且持久的忠誠
- 積極主動，享受工作的樂趣
- 有進取心，站在公司的立場考慮問題
- 認同以及情感上的歸屬感
- 積極主動地進行口語宣傳

這樣的忠誠產生於信任與吸引，而不是經由壓力和強迫獲得。忠誠表現在很多方面：做出成績的意願、公平、可靠、正直，還有激情和融合。公司當然不可能輕而易舉地得到這一切。員工的忠誠和客戶的忠誠一樣，都需要不斷地努力爭取。

錯誤理解的忠誠則建立在盲目的服從之上，甚至需要人們放棄自我。這樣的忠誠掩蓋了虛偽的欺騙，隱瞞了錯誤的行為。人們對辛勞忍氣吞聲，毫不反抗。不加思考的唯命是從對任何一家企業都是致命的。我們所說的忠誠並不包括這種形式。

即使自己的做法會引發眾怒，忠誠的員工仍然會為了公司的利益振臂高呼。如果個人目標與公司目標發生衝突，他們也會放棄自己來維護公司。

為什麼忠誠比義務更有價值

人們愈來愈多地將員工義務稱為保留管理，指的是企業採取積極措施留住公司需要的人才。單是「義務」這個詞就已經隱含了強迫的意味，人們幾乎可以聯想到束縛。而忠誠則是一種建立在道德價值基礎上的不成文合約。如果合約被撕毀，人們就會視其為一種內心解約，雖然短期內看不出影響，但是一定會產生不良作用。

原則上員工受到三方面義務的制約：

- 情感義務
- 事實義務
- 金錢義務

情感義務分為兩種方式：標準的和行為的。行為義務涉及外在的情感方面，例如工作地點較近，或者工作時間靈活。只有標準義務才是由內在責任感產生的忠誠，這正是我們現在解釋的內容。

事實義務是通過法律合約確定的義務，這種義務也說明了義務的從屬性和對自由的限制性。其中的一種也被稱為計算性義務，例如員工希望以此得到培訓和晉陞的機會。

金錢義務主要是指經濟利益。人們當然無法買到一切，如員工的愛和忠誠。即使是使用股票期權、獎金紅利等著名的「金手銬」也無法強迫人們忠誠於公司。忠誠就像友誼一樣，人們需要從心底裡得到。另外，公司和員工之間還必須擦出火花。

忠誠不需要多餘的金錢饋贈，重要的是建立一個積極的關係賬戶。對於一個有能力的員工來說，純粹的金錢因素一般不是最重要的，當然合理的薪資待遇是前提條件。首先要將一段工作關係所承載的感情價值與現實情況結合起來。二者相加才能決定人們預備為工作承擔的義務。如果缺少事實或者情感義務，那麼就只能用薪資待遇來激勵員工了，因為在這種情況下金錢就成了唯一的籌碼。這是情感替代計劃，我們也稱之為「補償費」。

最後不能忘記一點，針對上一章講過不同的員工類型，應該採取不同的方式讓他們忠誠於公司。這一點也與性別有關，女性更容易建立一種親密關係。另外，她們也是積極的口語宣傳者，簡直就是真人版的滾雪球銷售體系（即金字塔銷售）。

員工旅行：來、留、走

忠誠源於正確地選擇員工。如果你聘用了潛在的不忠誠員工，那麼員工的頻繁跳槽就不足為奇了。例如，美國著名的電商Zappos以關心客戶而著稱，這家公司解釋道：新員工任職後首先要在客服中心參加為期一周的培訓，這裡也被稱為忠於客戶團隊，培訓結束後的員工如果想要離開公司會得到四千美元。這就可以證明，員工是因為熱愛這份工作，而不是因為錢而留在Zappos工作。

如果選擇了不適合企業文化的員工，如果拒絕讓團隊成員參與決策，那麼就不能抱怨公司人員的流動頻繁了。你需要認真分析一下，哪些人是最有價值的忠誠員工？怎樣才能找到這些人？他們有什麼樣的特徵和行為方式？他們表現為什麼樣的固定模式？人們可以複製其中的哪些模式？這樣就可以根據這些內容制定一些方針政策和選拔流程，幫助人們有針對性地尋找忠誠積極的新員工。人們也能在這一過程中學習如何避免徒勞地培養員工的忠誠。人們可以按照相應的程序總結出各種特徵指數。

並不是每一個人都能成為忠誠的員工，而且每個人的忠誠有不同的表現形式。每個人都有不同性格，還有行業、職位和等級的差別，每個人與公司的聯繫形式也不相同。人們應該避免站在自己的角度看問題。雙方相匹配是重要的標準。此外，決定一個員工來到一家公司、留下來或者離開的因素都是因人而異的，沒有統一標準。請憑直覺在下面的表格中劃出你認為重要的標準，並填上你認為在考核員工或者確定職位時特別重要的標準。（表二）

如果我問員工，用什麼辦法可以激勵他們忠

表二

標準	來	留	走
任務／職位			
工作場所的陳設			
有競爭力的薪酬			
福利待遇			
晉陞機會			
培訓機會			
企業吸引力			
上司的態度			
獨立性			
企業氛圍			
認同的文化			
工作環境			
工作時間、模式			
工作生活整合度			
醫療保險			

於公司，我聽到的都是相同的內容：免費水果、免費飲料、免費餐券、健身卡、健康檢查。但實際上沒有人會因為小恩小惠而留下，而且很多公司都有這些待遇。金錢也不是人們優先考慮的因素。如果人們詢問頂尖人才離職的原因，很少有人會將收入的高低列為最重要的原因。起決定作用的更多的是企業文化、對工作的滿意度和主管的領導態度。很多「普通」員工則更看重是否得到尊重及認可。在進行內部分析時，重要的是找到員工真正的離職原因。認真籌劃、系統開展的離職採訪就可以探究出其中的原因。我們在第三部份還會接著探討這一內容。我們會列出一系列特徵值，人們可以以此推導出員工的動機和忠誠的原因。此外，我們還會對一些緊迫的問題給出正確的解釋：

- 如何才能增強員工的忠誠度和積極性？

- 如何才能避免出現我們不願看到的人員流動？

為此需要調查不同職業別和不同部門的員工和人員流動率，此外還需要根據性別、年齡、國籍等因素分別調查。人們最終根據相應的參數建立一套預警系統，提醒公司可能出現的人員流動。

我們的終極目標是徹底杜絕人們不願看到的人員流動。如果不能達到這一目標，那麼還有另一種選擇：重新贏回公司需要的員工。只有員工正常離職，才可能實現這一目標。公司並沒有失去這樣的員工，他們只是換個地方工作而已。還需要確定一點：他們新換的工作並不合意。人們需要做的就是保持聯繫，在適當的時機發出適當的邀請。與僱用新員工相比，僱用老員工更簡單，也更節省成本。而且此後會建立一種新的更深的忠誠，這種忠誠會更加穩固，因為人們幾乎不可能得到第三次機會。

終極目標：徹底杜絕人們不願看到的員工流動。

我們對誰抱以忠誠

如果一個人必須在工作中放棄自己的價值觀、需求和個人目標，而且不斷地委曲求全，那麼這個人就無法產生忠誠的感情。如果員工的個人價值觀與公司的價值觀高度一致，那麼員工就會迅速表現出忠誠。能夠與公司融為一體，也就是忠實於自我。

我們需要從根本上區分兩種忠誠：對自己忠誠，即對內忠誠；對其他人忠誠，即對外忠誠。如果我們採取外部視角觀察，就會發現以下四種忠誠：

- 對企業的忠誠
- 對主管的忠誠
- 對同事和朋友的忠誠
- 對自己工作的忠誠

不久前，求職招聘門戶網站Monster進行了一次線上問卷調查，共有約兩萬五千名歐洲員工參加。針對「你在工作中對誰最忠誠？」這一問題，人們的回答如下：

- 自己：百分之三十三
- 團隊：百分之三十二
- 公司：百分之十九
- 老闆：百分之十
- 沒有人：百分之六

德國員工對自己的上司明顯缺乏忠誠。百分之七的員工表明自己忠於上司，這是歐洲的最低值。但這也是符合邏輯的：如果領導階層只是追求在公司的職位晉陞，那麼員工對上的忠誠度從何而來呢？如果一個團隊剛剛完成了磨合，就要被迫分開，那麼又如何形成親密的關係呢？公司結構不斷調整，專案、計劃不停變化，員工們絲毫沒有選擇的餘地，這種情況是忠誠的毒藥。忙碌過後必須要充分地休息，這樣人們才能互相熟悉。一個群體為了實現長期團結，成員們必須培養彼此之間的社會關係。這在未來更重要，因為最近又出現了第五種忠誠：對自我網路的忠誠。

新現象：第五種忠誠

一般來說，我們都希望加入一個運作良好、聲望崇高的公司，而不是一直跳來跳去。當然每個人的內心都渴望豐富多彩，駛往新的彼岸更是難以遏制的慾望。對於很多人來說，現在的工作環境必然是一種「遊牧的工作」。同時，我們迫切希望與志同道合的人組成一個群體。足球愛好者俱樂部和網路社群的流行就是明顯的標誌，網路遊戲更是延續了這一趨勢。群體遊戲成了最流行的遊戲。人們並不僅僅是為了得到徽章和更高的等級，同時也是為了加入有名氣的團體和協會。

過去的氏族與部落演變成了現在和未來的社群。社群網路就是新的避難所和群居本能的現代形式。這個隔絕的時代正逐漸發展為孤獨的時代，甚至催生了社群躁狂症，協作的企業可以代替過去的群體和逐漸瓦解的家庭結構，給人們提供一個家園。很多年輕一代的孩子都是來自雙薪家庭或重組家庭，他們都在尋找一種新的共存形式。對於千禧一代來說，這種具有親和力的聯繫比其他任何價值觀都重要。相同的人生觀、相似的價值觀和共同的經驗使他們感覺彼此親密無間。他們互相出主意，彼此幫助。在面對重要的人生決定時，他們互相影響，做出相同的選擇。身份的形成取決於你做什麼，而不是因為你是什麼人。

曾經存在過那種垂直性的忠誠。例如，一個人是根深柢固的西門子人，即西門子公司的員工，那麼他就會一輩子忠於這家公司。這種自上而下的忠誠現在正在分崩離析，人們對各種機構存在很大的疑慮。過去那種對上級無條件的忠誠已經不存在了，水平性的忠誠取而代之。網路取代了等級制度這一原則。如果傳統的安全體系不起作用了，那麼網路就會提供安全保障。傳統的家庭結構和終生職業這些所謂的「強連接」正在逐漸消失。「弱連接」這種輕鬆的關係應運而生。我們今天的忠誠屬於平等關係和朋友圈，屬於工作和私人範圍內的輕鬆關係。我們渴望與這些人建立一種緊密的聯繫。

網路取代了等級制度這一原則。

五種忠誠需要齊頭並進，其中任何一項落後都會對員工的忠誠行為造成不良影響。在具體的實施過程中，其中哪一項更重要則因人而異。例如，模擬時代網路難民的忠誠主要從屬於公司，而網路原住民的忠誠則獻給了網路。對於他們來說，自己的老闆不過是眾多平行網路中的一個。如果一家公司有能力按照網路結構進行構建，那麼他們就會選擇在這裡工作得久一些。相反，那些不尊重他們網路忠誠度的公司就完全不在他們的考慮範圍之內。

為什麼忠誠愈來愈重要

人們現在可以輕而易舉地獲得就業市場的訊息，這是前所未有的情況。過去人們依賴報紙和雜誌的人才招募廣告，而現在可以輕鬆地在網上查找。尤其是有能力的人在就業市場上非常搶手，他們一旦發現這家公司不適合自己，很快就會準備跳槽。如果員工離職，公司就要根據需要「買來」一個新的，或者像對待機器一樣，用一個堪用的員工去代替一個已經耗盡精力的人：大多數公司早就負擔不起這種「奢侈的做法」了。將員工看作執行幫手，完全耗盡他們的精力，這種做法在未來是行不通的。加速轉變和日益增加的複雜性為公司提出了全新的挑戰。忠誠、聲望與信任就是黏合劑，可以將一切緊緊地聯繫在一起。

忠誠的員工非常願意加入變革的過程，這也是市場提出的必然要求。協作工作關係更需要一種內在的責任感，這就是忠誠。團隊中人員構成不斷變化，因此一開始就需要培養員工的忠誠。在一定程度上甚至需要一擊即中。如今虛擬合作逐漸增加，人們更需要一種建立在忠誠基礎上的信任文化。公司也需要一種融合了忠誠度的員工個性。過去的線性命令文化愈來愈多地被網路結構所取代，因此企業急需一種忠誠度。對於追求工作意義的員工來說，忠誠也是無法迴避的問題。

員工忠誠的最大益處：

- 提升工作意願、主動性、工作效率和產能
- 自願參加學習和培訓

- 願意承擔更多的責任
- 產生更多想法和改良建議
- 可以形成信任文化
- 對內對外開展積極對話和口語宣傳
- 對外宣傳公司

在與客戶打交道的領域中，較低的人員流動率對客戶忠誠度的形成會產生積極影響。人們有時只是因為一個認識很久的老朋友就會更換服務商。如果銷售人員跳槽了，他們也會帶走自己的客戶。如果客戶總是接觸新手銷售員，他們就很難成為老客戶。有著多年經驗、受過良好培訓的員工更瞭解如何培養客戶的忠誠度。客戶不斷光顧這家公司也向員工證明了他們的正確選擇。如果一家公司的員工待遇差、工作條件糟糕，那麼前來光顧的客戶就會愈來愈少。因此，員工忠誠度和客戶忠誠度緊密聯繫在一起，二者相互促進，或者相互削弱，員工忠誠度是前提條件。

最糟糕的忠誠摧毀者

如果僱用新員工的難度愈來愈大，那麼人們就應該更加關心已有的員工。然而實際情況卻非常糟糕。招聘人員竭盡全力從別處招徠人才，自己的員工卻悄悄流失。他們自問道：「如果指望不上公司的忠誠，那麼我為什麼要對公司表現出忠誠？」的確，公司必須值得人們去效忠。如果公司對員工與合作夥伴都體現出了忠誠，它們才是值得人們效忠的公司。如果做不到這一點，那麼公司也沒有權力要求別人的忠誠。很多公司正在一步步地失去員工的忠誠。一旦經濟形勢有所好轉，這樣的公司就會遭到報應：人們開始算老賬，心懷失望與不滿的優秀員工會成群結隊地跳槽。

適當的人員流動是當今商業新世界的正常情況。如果只是失去了少數優秀人才，那麼從避免「近親繁殖」的角度來看也算是合理。人員流動頻繁的原因有很多種，可能是專業知識不吻合，可能是人與人之間的意見不統一，也可能是公司主管的問題。摧毀忠誠的最重要原因是：

- 情感冷漠及缺乏人性化
- 信任萎縮和受到監控
- 不停的變化和結構調整
- 糟糕的分離管理

如果人們能夠著力研究這幾點，就可以大幅度地提升員工的忠誠度。然而很多時候公司將員工看做商品，可以從一個地方挪到另一個地方，也可以隨意地組合或排擠。恰恰就在過去的幾年裡，大部份員工的親眼所見和親身感受告訴他們：不值得為公司貢獻忠誠。削減工作職位有時是不可避免的，也是未來發展的必然趨勢，這一點已是無可爭辯的事實。但是一些具體的裁員方式無論是過去還是現在都讓人絕對無法接受：一些人是從媒體上瞭解了自己未來的命運；一些人是從內部網路上查看到哪些人要走，哪些人會留下；一些人則僅僅收到了一封三行字的解雇電子郵件；甚至還有老闆從高爾夫球場發短信解僱員工。這些做法讓當事人很難接受，他們覺得尊嚴受到了踐踏。這種經歷會讓員工終生難忘。

裁員是一件讓各個方面都倍感壓力的事情。每一次員工的離開都會對公司的關係網產生影響，我們需要認真觀察公司主管如何對待離職的員工。他們是否表達出了對員工過去積極努力工作的尊重？上司是否表現出自己的感情，還是過份冷靜客觀？他們是否擺出那些毫無說服力的理由進行解釋？他們是否無端地指責離職的員工，為公司的裁員措施進行辯護？如果員工主動辭職，那麼主管是否會向他們惡言相向？公平地對待離職的員工會自動增加在職員工的忠誠度。

如果員工認為公司已經不值得他們為之努力奮鬥，怎麼能指望他們會竭盡全力為客戶服務呢？如果公司主管公開地爭權奪勢，如果老闆到處宣揚自己員工的表現非常糟糕，員工還會表現出忠誠嗎？如果公司持續地使員工感到很失望，員工是否還會對公司抱以忠誠？如果公司希望收穫忠誠，就必須從最高階主管開始積極地培養並促進忠誠的形成。忠誠的星星之火必須由上至下傳遍公司，因為員工都是以主管為榜樣的。

不忠誠及員工頻繁流動的後果

一名人力仲介曾經對我說：「我對一些公司完全是無計可施，然而還有一些公司，員工離職後會覺得很開心。」如果你的公司屬於前者，那麼就要恭喜你了。員工離職會造成高額的人員流動成本，你計算過這些嗎？此外，員工離職還會導致專業知識外流到競爭對手那裡，造成自己公司知識經驗的暫時短缺；客戶關係也會深受影響，甚至會毀掉已經建立的客戶關係。

有些員工在情感上已經疏遠，但人還留在公司，這種情況的成本會更高。公司很少會計算這些所謂的「軟因素」成本，審計人員一般也會忽略這些情況。然而工作被動、內心不忠的員工是公司利潤的最大敵人，這一點是毋庸置疑的。他們雖然人還在公司，但內心早就開始了逃亡。他們不僅經常請病假、辦事懶散，而且還不可靠、工作上漫不經心。這樣工作就很容易出錯，以這種方式造成的產能損失保守估計大約為百分之二十。這樣的員工不停地抱怨，給周圍人造成了消極的影響，降低了周圍同事的工作效率，這部份損失估計也有百分之十左右。

不忠誠的員工也不會遵守公司的保密原則，他們經常背後嚼舌，議論公司的服務差、員工沒能力、哪些人將會被辭退。那些好事之徒也喜歡聽這些閒話，有的是出於好奇，有的是為了避免損失，有的是為了在其他場合賣弄，還有的人為了贏得加分。灰心失望的員工不再消極被動地工作，而是重重地予以回擊。他們的目標是報復他們遭受的不公待遇。我們的大腦始終要達到一個平衡狀態，專業術語叫做內環境的動態平衡。

如果這種情況沒能得到很好地處理，那些憤怒的員工就會採取措施報復他們的老闆：他們說謊欺騙，背後使壞，將自己變成一個復仇天使。他們不需要通過工會和仲裁委員會，網路形式更有效。他們利用論壇和部落格大肆發洩自己對企業氛圍和公司管理階層陰謀詭計的不滿。網路的相關規定也無法阻止失望的員工在網路上口無遮攔，所以公司也要計算這些誹謗帶來的損失。這種方式不僅嚇退了潛在的應徵者，也讓有購買意願的客戶望而卻步。

> 灰心喪氣的（前）員工會利用論壇或社群網站大肆發洩自己對企業氛圍和公司管理層陰謀詭計的不滿。

離職成本

如果不忠誠的員工真的離開了公司，那將是一種毀滅性打擊。他們會帶走大量的敏感資訊。他們不僅會將這些訊息透露給競爭對手，還會將其轉給其他秘密管道。被激怒的資訊工程師會讓公司的網路崩潰，或者植入電腦病毒，這些都不是新鮮事兒了。

但是忠誠與不忠之間的界限是什麼呢？很簡單：如果一個人在自己的空閒時間需要因為公事查看電子郵件，那麼他就有理由在上班時間為自己的私事上網瀏覽。人們如何看待公司財產呢？人們做事的原則是什麼？拿了公司的一支圓珠筆就是犯錯？還是只有破壞、背叛和不忠才算是嚴重的行為？根據二〇一二年瑞士人力資源調查顯示，百分之十三的受訪者承認偶爾拿取公司的財物，百分之二十三的受訪者曾將公司的保密資訊透露給沒有知情權的人。

保險行業有專門的忠誠保證保險針對由員工的不法行為導致的公司內部的物品丟失、費用增加，或者公司資金被貪污等情況。根據警方估計，德國每年因員工欺詐給公司造成的財產損失約為三十億歐元。Hermes信用保險公司仔細研究了九千件忠誠保證保險理賠案件，並對作案人的年齡、性別和任職時間進行統計，得出結論稱，三分之二的作案人為男性，三分之一是女性；人們在職時間越長，不忠的可能性就越小。

很多公司對客戶、合作夥伴和供貨商都缺乏忠誠，這也是造成這些錯誤行為的原因。其他人受到欺騙、蒙受損失時，員工們只能袖手旁觀，或者也被迫捲入其中，就連餐飲行業的培訓人員都被迫參與這樣的「小把戲」。調解資訊科技業爭端的法院評審人馬蒂亞斯・烏里希在《經理人雜誌》（*Manager*

Magazin）中寫道，看到公司如何欺騙客戶是一件「恐怖的事情」。這本雜誌刊發了名為「犯罪現場：辦公室」的文章，總結了各行各業的大量欺詐事例。外部什麼樣，內部就會什麼樣；上面怎麼做，下面就跟著怎麼做，我只能這麼評價。如果公司通過一些非法手段贏得了市場佔有率，那麼自己的員工也會依此行事。

管理階層只有一次機會表明正確的道德行為，請仔細考慮自己的領導方式。如果一個人得不到積極的評價、關心、認可和尊重，他們經歷的只有冷漠、屈辱和失望，那麼他們最終會變成一顆定時炸彈。缺乏公平、親密關係，以及由於不停的調整導致聯繫缺失是最容易產生危險的原因。

忠誠衝突

當客戶投訴的時候，一個員工說道：「哎呀，這件事根本不算糟糕，如果您知道我們這裡還有……」她滿不在乎地接著講其他內部事情。團隊討論時，有人質疑某一決定的可行性，部門經理會說：「我是一直反對的，但是上面想要這麼做。」然後又講了一些高層會議討論的齷齪細節。這兩個人都表現出了忠誠衝突。他們撇清了自己的責任，將矛頭指向了其他人。

忠誠衝突產生於三個層面：

- 內省的忠誠衝突：與自己的內心之間
- 水平的忠誠衝突：與同事之間
- 垂直的忠誠衝突：上下級之間

主管也面臨這三個層面的忠誠問題。他們首先要回答的一個問題就是，他們忠誠的對象是什麼？高層主管？股東？公司？對員工的責任？還是自己的內心？如果這些發生了衝突要如何處理？忠誠一方面是原則性問題，另一方面也非常具體。如果上司將一個不受歡迎的管理決策傳達給員工，主管應該作何反應？如果這個決策遭到員工的集體反對，作為主管應該如何應對？

忠誠衝突主要出現在公開場合。男性領導者更希望員工與自己保持緊密聯繫。如果一個員工在會上公開反對自己的主管，證明主管的看法是錯誤的，那麼他就要擔心自己的工作不保了。如果一個員工為了實現目的越級上報，同樣是一個問題。自己陣營的人同情「部門公敵」也是很糟糕的事情。這些情況幾乎等同於叛國。女性主管會研究這些有關忠誠的事情，因為她們在意這件事情，她們並不熱衷於爭權奪利和裝腔作勢。

除了業績層面以外，權力層面也要求忠誠。每個人都知道老闆犯了錯誤，但是沒有人敢說出來，因此就會出現高達幾百萬元的災難性損失。醫院裡沒有人指出主刀醫生的錯誤，有人就可能因此送命。副駕駛不敢反駁機長的決定，飛機就可能因此而墜毀。的確，被誤解的忠誠通常會導致極為嚴重的後果。巨大的災難經常始於細節。當今的現實中已經找不到神話中的無限忠誠了。我們需要一種加入自己思考的平等的忠誠，因為人們必須在必要的情況下說出自己的看法，這才是為公司著想。

> 人們需要的不是尼伯龍根式的無限忠誠，而是加入自己思考的平等的忠誠。

很可惜現在的情況恰恰相反，在揭露欺詐行徑之後，陷入兩難境地的往往是「洩密者」，而不是真正的始作俑者，尤其當「洩密者」是小人物，而「現行犯」是主管時。現在人們把這種「洩密者」叫做

「揭發者」。這與打小報告沒有任何關係，因為揭發者揭露的是無法容忍的錯誤行為、嚴重的弊端和違法行徑。他為了大眾的利益考慮，以自己的身家性命去冒險，我對這種公民勇氣深表敬意。為了阻止罪惡、避免損失，公司的責任就是保護這些絕對忠誠的員工。公司應該在內部和外部設立可靠的人，在必要情況下為員工提供幫助。

總而言之，首先要界定公司忠誠的概念，以及如何建立這種忠誠。你可以發起討論，忠誠對每個人都意味著什麼，尤其是涉及特殊信任關係的時候，例如為了保證雙方的利益，主管與助理之間必須確定忠誠的界限。大家更要共同努力在公司營造出一種忠誠文化。因為忠誠是一個組織高效運轉的基礎，有著忠誠文化的組織，其中的每一個人都會發揮自己最大的積極性，更重要的是，他們心甘情願，而不是被迫而為之。

12

員工積極性：新型激勵

積極性是一種有吸引力的內在動力，能鼓勵人們做一些有必要、有意義、有趣或者有挑戰性的事情。如果涉及員工表現和公司業績，那麼激發積極性似乎是起決定作用的方面。相關文獻不斷強調調動員工積極性的要素，人們也在細緻地進行這方面研究。百分之五十的老闆在打擊員工積極性，只有三分之一的老闆推行一種促進員工發展的企業文化，這一結果來自合益諮詢集團（Internationale Hay-Befragung）二〇一三年全球調查。形成這種局面的主要原因是什麼？根據合益集團董事成員托馬斯・格魯勒的解釋，大部份公司仍然推行直接的領導方式，上司希望下屬不打折扣地執行自己的指示。「完全實行直接領導方式是員工創造性和獨創精神的毒藥，它會扼殺所有的積極性。」

蓋洛普研究所（Gallup Institut）每年公佈的調查結果也會讓經理人感到吃驚，調查結果顯示，員工積極性一直非常低迷，甚至連續幾年都沒有增長。無論是真正的專家，還是自封的專家都在激烈地爭論，積極性是受內在因素還是外在因素影響，也就是說積極性來自一個人的內心，還是受外部刺激。一些人極力支持外部積極性的說法，並引用相關研究結果論證這些行為；而另一些人則一直持反對意見，同時也提出相應的研究證明自己的觀點，雙方分為兩個陣營。那麼真相是什麼？

尋找內在積極性

「激發所有的積極性就是打擊積極性。」這句話出自萊因哈特・施普倫格（Reinhardt K. Sprenger），即使我們向他學了很多，但是這句常被引用的名言還是充滿爭議。老闆們通常參加過研修班後就開始不加思考地照本宣科。「我們不打擊積極性就已經夠了。」他們也跟著這麼說。如果我們問一下相關群體的看法呢？

大多數員工最大的願望是經常得到老闆真誠而尊重的讚揚。實際情況是什麼呢？達石調查對一千五百名員工進行調查，其中百分之四十二的受訪者表示，他們很少因為工作成績受到表揚。百分之十四的受訪員工從未得到認可。只有百分之十六的員工認為自己的成績得到了相應的尊重。僅有百分之三的受訪者表示，缺乏讚揚並不會妨礙他們的工作。

「從神經生物學的核心角度來解釋，促使員工們工作的動力就是得到直接或間接的認可。」神經生物學家、心理治療師和醫生約阿希姆・鮑爾（Joachim Bauer）這樣寫道。同時，「金錢並不等同於社會認可、尊重和良好的工作氛圍，這些因素可以激勵人們發揮核心積極性，迸發出創造性。」

人們可以用很多辦法激發員工積極性：可以是鼓勵、振奮，也可以是安慰和鼓舞。鼓舞積極性可以藉由肯定、鼓掌和讚賞的方式表達出來，也可以偽裝成巧妙或愚蠢的讚揚，還可以包含情感和金錢的獎勵，為善良或者邪惡的目的服務。

多巴胺是積極性的最大提升者。

大腦通常就是積極性最大的指揮官。強大的大腦結構和生物化學反應過程不間斷地刺激著我們，使我們謹慎地避免令人不快的事情，積極地開始愉快的事情。我們祖先的大腦都非常擅長這件事情，我們也遺傳了這一特徵。生物學家稱之為進化過程。我們在取得成績、完成工作、克服挑戰後會不斷得到獎賞：這種自然界發明出來的最甜蜜的「毒藥」就是多巴胺。多巴胺是欣喜若狂，是歡喜鼓舞，是純粹的幸福。

多巴胺還會與其他的大腦物質共同作用，刺激產生工作樂趣、勇氣和效率。此外，多巴胺還能刺激免疫系統，避免大批員工因為生病而不能工作。瑞士社會學家約翰芮斯・西格李斯特也證明，如果工作帶來的尊重與其產生的疲勞之間失去平衡，人們很容易出現健康問題。在目標管理中推行認可談話也是一個好辦法。一些公司已經開始引入「讚揚日」的辦法：每個星期五的十點鐘——將讚揚提到議事日程！但是，如果讚揚成了一種義務，反而會給員工帶來痛苦的回憶，結果適得其反。

多巴胺會因為時機和不同類型的人而產生不同的分泌量。決定我們努力奮鬥還是放手不管的因素也因人而異，並不是每個人天生都具有強大的內在積極性。人們內心通常非常積極，只是偶爾需要一點鼓勵。如果從外部堅持積極鼓勵，這會對員工的積極性有所幫助。人們都知道積極性會創造體育成績的奇跡。另一方面，也要抑制過份的鼓勵，這樣可以避免災難。

外在積極性

有些人只有在掌聲響起時才會達到最佳競技狀態。這樣的人可能是公司的領導者，可能出現在聚光燈下的舞台上，也可能站在體育場的冠軍領獎台上。他們的人生目標就是成為重要媒體的頭版頭條，他們希望獲得掌聲、歡呼和崇拜，他們洋洋得意地沐浴在大眾讚歎的目光中。如果失去了這種關注，他們的才能就會痛苦地凋零。這時多巴胺就像一台強而有力的蒸汽機，全力地激勵著這些人。

我們將這種類型的人稱為「阿爾法人格」（Alpha personality），他們非常關注業績，講話聲調高亢，通常使用第一人稱，追求效率，有著很強的執行力。他們表現得傲慢、果斷、自信、強硬。對他們來說，軟弱無能的本意就是失去權力，這會讓他們心煩意亂。他們想要掌控一切。他們的情感能力很差，而更關注事實，他們只有一個目標：升職！他們展開鬥爭，渴望勝利，希望將盡可能多的人踩在腳下，招徠俯首稱臣的員工。人們可以從很多小地方看出整個公司都在維護著他們的虛榮心。我將其稱為「崇拜計劃」。他們憎惡其他的偶像，喜歡將員工看作「裝飾材料」，鄙視那些有著些許抵抗的人。他們阻礙了所有員工的發展，因為只有他們自己的觀點會受到重視，其他的優秀想法都無關緊要。如果他們的計劃出現偏差，整個公司就會走向萬劫不復的深淵。

對於「阿爾法們」來說，競爭就像一台永不疲倦的渦輪機。很可惜他們都忽略了一點，並不是每個人都像他們一樣運轉。他們不希望任何人超越自己獲得晉陞，所以他們盡力羞辱其他人，指出他人的缺點和不足。他們完全不懂得誇讚和認可。不久前還有一個人對我說：「我的員工什麼事情都做不好，我應該怎麼誇他們啊？」

如果出現了錯誤，他們首先要做的就是找出責任人，並當眾懲罰。因此，這些「阿爾法們」周圍雖然也有英雄，但主要還是一群消極的人，最多只能完成普通的工作。所以我要給出一個建議：如果一定要排出名次，只需排出前三名，而不要都列出來，這樣人們就看不到排名墊底的人。每個人都知道排名倒數意味著顏面掃地，而「阿爾法們」就需要這樣令人不快的勝利。

內在積極性

有自我掌控力的人不需要外部鼓勵的星星之火，因為他們自身的積極性就像一團熊熊烈火。他們小時候就已經不需要別人的鼓勵了。好奇、冒險精神、樂觀主義和無憂無慮是他們的特點。他們喜歡實驗，注重解決問題，簡單靈活，寬容而且富有創造性。他們是天生的樂天派，有著某種天生的快樂能力。這類人的大腦高速運轉，他們追求變化，對生活滿不在乎。他們追求冒險的精神、創新和樂趣，也喜歡無法預計的風險和混亂。他們沒有耐心、反覆無常、不知疲倦、不可信賴。對於比較安靜的同事來說，他們就顯得相當聒噪。

他們有預見性，能夠改變他人的看法，也可以治癒別人的傷痛，還可以俘獲人心。他們始終承載著熱情的信號。他們的熱情洋溢甚至可以讓疲憊的戰士情緒高漲。一杯含有多巴胺的荷爾蒙雞尾酒就會讓他們熱情飽滿。多巴胺可以創造生命活力，並維持較高的能量水準，也會提供更多的機會。這會使我們充滿進取精神，精力充沛，勇往直前，並且滿懷勝利信心。如果這時再加上一些外在的激勵，人們就會超越自己以往的成績。然而大腦的控制中心在這種情況下會降低效率，因此過量的刺激也是非常危險的。能夠緊急煞車才能保證生命安全。人們有時需要這種自我控制。

總而言之，受多巴胺操控的人就像駿馬一樣，有時突然產生了一個想法，立刻就會脫穎而出。很可惜他們經常會忽視這一點：並不是每個人都具備他們那樣的天賦。更糟的是，他們根本沒有意識到很多人完全就跟不上他們的節奏。對於他們來說很容易的事情會讓其他人感到焦慮不安，甚至放棄，這也是他們沒有認識到的一點。

混合型積極性

這種人缺少推動力和意志力，他們傾向於悲觀主義、自哀自憐、黏液質，而且缺乏適應性，某些人的表現甚至接近抑鬱症。為了實現高速運轉，這些人需要外部的鼓勵。雖然我們每個人都需要鼓勵與認同，但這卻是這一類人的基本需求。原則上，他們希望能夠以自己力所能及的事情為榮，他們同樣也能做好很多事情。他們非常值得信賴，對他人關懷備至，堅忍嚴謹。

但是他們缺乏自信，不斷受到自我懷疑的困擾，因此經常無法表現出內心所想。碰到做決定的時刻，他們往往表現得謹慎而猶豫。既定的生活和熟悉的環境會給予他們安全感。他們喜歡按部就班的工作和些許的認可。突如其來的表揚和鼓勵會讓他們變得多疑，大眾的掌聲會讓他們尷尬。

某些公司主管只尊敬那些貢獻突出的員工，他們往往會忘記那些中下層普通員工的表現。然而恰恰是那些缺乏自信的員工才更需要定期的適當表揚。對於那些安靜內向、天資平平的人，這樣的表揚就是靈丹妙藥，可以幫助他們鼓起勇氣，取得更大成就。如果老闆能夠尊重他們的成績，但並不表現出過份的熱情，他們會報以小小的英雄壯舉，而這樣的壯舉會極大地促進客戶的利益。

掌握適度原則

公司主管必須理解不同的激勵類型結構，這樣才能有針對性地激發員工的積極性。其他人的反饋是我們獲取自我身份認證的前提條件，因此我們不斷要求周圍環境對自己的行為做出反應。積極或者消極的反應都會造成影響，導致人們繼續或者停止他們表現出來的行為。這與內在和外在積極性的比例無關：員工（幾乎）從來不會僅僅為了自己而努力，他們也為周圍的人而工作，同時也為了他們的老闆。他們希望老闆不僅看到他們的成績，也會尊重他們的努力。如果老闆沒有做出反應，那麼員工就開始左右搖擺，一會兒試試這樣，一會兒試試那樣，他們只是想要得到老闆的反饋，但是結果往往事與願違。另一種情況就是員工開始徹底地消極怠工，因為努力必須得到讚揚，否則大腦就會立刻啟動「省電模式」。

人們總是在兩個層面上理解讚揚和批評：事實層面和關係層面。「老闆（不）重視我的工作」也意味著「他（不）賞識我」。關係部份可以相互抵消。培訓師海德魯姆・弗希克在專業雜誌《經理人》（*Manager Seminare*）的一篇文章中這樣寫道：「人們可以想像一個關係賬戶。每次讚揚都是一次存款，而每次批評則是一次取款。如果賬戶出現赤字，那麼關係層面就會受阻。在這種情況下，即使是建設性的批評意見也會被看作人身攻擊。」因此，她給公司領導階層的建議是「三比一」：「如果你提出一次批評意見後會給出三次表揚，那麼還會擁有足夠的『儲備金』。」要時常提醒自己放下挑錯的放大鏡，換上讚賞的心態。如果你找尋優秀，就會發現優秀。當然，一味地使用讚揚也是行不通的，這會導致人們對讚揚習以為常，獎勵體系就無法推行下去。

作家丹尼爾・平克（Daniel H. Pink）在《驅動力》（*Drive*）一書中寫道：「根據任務的不同，獎勵這種激勵方式也會產生不同的結果。」他將任務分為規則性工作和探索性工作。前者是簡單的日常工作，可以用示範性的辦法解決。「如果—那麼」獎勵（「如果你在明天前……那麼……」）

這時就會產生作用，因為這種獎勵辦法關注工作的結果。但是這種方式會使人們產生依賴性，因此需要不斷加以解釋。探索性任務更複雜。人們先要找到一個適合的解決辦法。在這種情況下，事先許諾的獎勵就會起到反作用，因為這會禁錮他們的視角，從而限制創造性思維。另外，這還會打消人們的內在積極性，或者誤導他們做出錯誤的行為，因為贏得獎勵成了真正的目標。因此，「因為—那麼」獎勵（「因為計劃成功完成，那麼……」）在這種情況下更有意義，這樣的獎勵不期而至，在任務完成後才會得到。這時內容的反饋比金錢更有價值。

「如果—那麼」獎勵辦法並不適用於所有情況。

行為經濟學家丹・艾瑞里（Dan Ariely）的研究也得出了類似的結果。他在測試中用金錢作為成績獎勵，小額獎勵絕對是一種激勵，而數額較大的獎勵則明顯干擾測試，因為參與者擔心失敗會造成金錢損失，因此就被綁手綁腳。在另一項測試中參與人員被分為三個小組，每個小組都要從寫滿字的紙上標出特定的字母。第一組參與者需要將名字寫在每張紙上。只要完成一張紙就將其交給測試組長，組長會從上到下檢查，點頭表示認可，然後摞成一疊。這個小組平均完成九張。第二組參與者不簽名字，測試組長將完成的紙放在一邊不看。這一組平均提交六・八張。在第三組中，組長完全不看就將填好的紙直接丟進碎紙機。這一組平均完成六・三張。一點點的情感認可就會帶來這麼大的鼓勵，這的確讓人非常驚訝。

美國科學家卡羅爾・德韋克（Carol Dweck）研究了不同類型的表揚，得出以下結論：如果人們因為聰明才智而受到表揚，那麼為了不辜負大家的期望，他們隨後就會迴避高難度的任務。然而如果人們因為自身的努力而得到誇獎，那麼他們在接下來的工作中就會更加努力。

歐洲經濟研究中心（Zentrum für Europäische Wirtschaftsforschung, ZEW）的實驗表明，如果一個工作組的三個主要人員受到表揚，那麼這個小組就會受到鼓勵，明顯提高工作效率。只有一個人受到表揚則不會帶來提升。表揚所有人很容易提高小組的產能。對幾個業績冠軍表示讚賞可以明顯激勵這個小組的工作。表揚的方式始終是決定性因素。而且有一點是確定的，比觸點管理及公司成功更重要的是員工希望做出成績，並且願意為之努力，實現這一目標的必要前提就是切合實際的鼓勵方式。我們下面就看一下激勵員工興趣的五個重要因素。

員工對業績的興趣從何而來

根據行為生物學家菲利克斯·馮·庫伯的觀點，我們人類並不是以享樂為目標，而是為了取得成績。相信人類天生懶惰理論的人也許會非常吃驚，因為他們想到的都是不把業績當回事兒的人。然而的確存在一些因素，可以激勵人們對成績產生興趣、激發員工積極性，以及最終創造優秀成績。這些激勵因素是：

- 意義
- 尊重
- 信任
- 鼓勵

• 聯繫

圖八用直觀的方式表達了這五種因素在主管（深灰色）和員工（淺灰色）心中的不同激勵作用，0~10的分值代表從最不重要到最重要。

賦予工作一定的意義

如果你要求員工努力，那麼你就要賦予工作一定的意義，因為人們努力工作是為了產生一些影響。如果有能力的員工能夠完成一些具體的工作，並感受到自己的重要性，那麼他們就會感受到工作的意義以及與此相關的幸福體驗。我們都希望以自己的努力為社會做出貢獻，非常擔心自己會碌碌無為地虛度一生。人們都希望在自己能力的範圍內不斷進步。

為此，員工們不斷需要新的任務，不管是進入全新的領域，還是接受更困難的工作，他們可以將自己的創造力、專注力和奉獻精神貢獻給這些新任務。他們需要較高而且有意義的目標，以及對其工作品質的反饋意見。他們用這種方式探索未知領域，將未知變為已知。

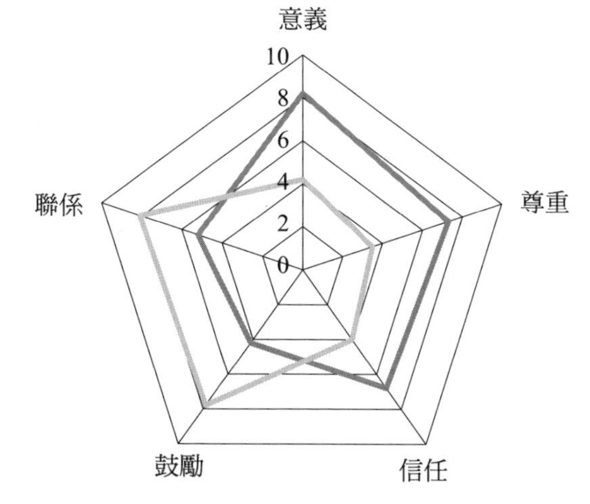

圖八　主管和員工對激勵因素的打分

這會為我們創造一種掌控一切的安全感，同樣會讓我們擁有良好的感覺。還有一點：親身參與的經歷會支撐人們繼續努力下去。

如果缺少有意義的挑戰，我們就不能經受住考驗，也無法以自己為榮，更不能得到周圍人寶貴的關心和認可。只有我們為一件事情做出了貢獻，我們的激勵體系才會全速前進。每一次學習成績的取得都會激發我們獎勵系統中的一點幸福感，而得來全不費工夫的事情不會帶來片刻的幸福。挑戰可以激勵人們。

為了能夠經受住考驗，以自己為榮，也為了得到關注與認可，我們需要有意義的挑戰。

如果我們將自己展現為一個有價值的組織成員，並且做出了有價值有意義的工作，還能夠不斷提高自己的工作，那麼我們就在進化的道路上前進了一步。短暫的壓力並不會產生消極影響，相反會讓我們進入一種最佳競技狀態。為此獲得的獎勵是一針強心劑，這是一種超越自我的崇高感受。這種感受並不局限於體力工人，甚至更加適用於腦力工作者：靈光乍現和創造力都會產生多巴胺，它會繼續激活大腦，使人們產生創造更多成績的意願，從而生成上百萬個高效率的神經元，將所學內容網路化。

如果主管希望自己的員工做出較大的成就，最好用這樣的辦法。不斷給員工提出新挑戰，用恰當的方法委派員工工作。對員工提出高的要求，並促使員工們不斷超越自我。與失敗的威脅相比，提出目標激勵員工的方法更有效。持續的沮喪心情會讓人們失去鬥志，因為多巴胺會逐漸消失。

只有自由的人才能獨立決定。如果人們覺得自己就是無名小卒，那麼他們就會報以軟弱無能的反應。他人擁有發言權，自身毫無權力可言，這會讓我們看輕自己。反之，如果能夠確實得到活動空間，員工們就會活躍起來，開始獨立自主地工作。活動空間是職業生活的領地。和動物一樣，每個人也需要一塊自己的領地，一片讓自己感覺安全舒服的地盤。

我們每個人都是獨一無二的個體，生來就具有強烈的慾望，希望有意義地生活，而不是淪為棋子任人擺佈。意義與鼓勵是相伴而生的。鼓勵具有歡快外向、最大化的特點，而意義則代表一種內在的獨立沉穩的狀態。意義既沒有最大化的壓力，也沒有內在的競爭對手。意義處於一種自足的狀態，讓我們獲得自由。

網路原住民中的精英不斷地追尋自我，使外部影響力降到最低。他們希望感受到自身的影響力，而不是讓他人決定自己的命運，成為他人的玩物。他們早已習慣了獨立自主的生活，不會屈從於任何壓力。他們不斷自問，自己做的事情是否有意義。未來的工作首先要實現一點：通過自我決定獲得自我實現和意義。

展現尊重

獲得並給予關心、尊重與好感是所有人類激勵的核心。如果人們完全沒有機會獲得社會關心，那麼他們的激勵體系就會關閉；相反，如果加入了認可與關愛，他們的激勵體系就會活躍起來。有意義的工作、對個人的賞識、互相尊重，以及針對不同情況給予認可，是促使員工努力工作並且取得出色成績的決定性因素。這不僅會給人們帶來舒服的感受，還會阻止卑鄙、騷擾和否定這些消極的攻擊形式。

海克·布魯赫（Heike Bruch）是聖加侖大學（University of St. Gallen）領導與人力資源管理研究所的所長，她給出了自己的經驗之談：如果一個組織的員工能夠感受到尊重，那麼這個組織的職業倦怠比例會降到很低的水準。

因此，尊重是領導階層應該持之以恆進行的工作。尊重有多種表現方式：感謝、友好的目光交流、饒有興致的傾聽、善意的點頭、同情的微笑、和藹的請求、誠摯的道歉、好學的提問。員工希望老闆看到他們的專業性，同時也以人性化的方式對待他們。

責罵會讓人感受到貶低，而賞識則會讓人感受到尊重。如果人們得不到關心，即使是最偉大的人也會感到自卑。極其重視、讚賞的關心和雷鳴般的掌聲就像氧氣一樣，可以急速地推動人們取得成績。菲利克斯·馮·庫伯補充道：「如果人們因為一項成績再次得到讚賞，這就相當於一次額外的鼓勵，他們下次還會全力以赴。」這種關心的反面則是恐嚇、侮辱和輕視，更糟糕的是敷衍了事的假意表揚、言語或非言語的蔑視。所有這些都會將努力的慾望扼殺在萌芽狀態。

尊重是一種最強烈的激勵方式。我們始終渴望作為個人和專業人才得到尊重，我們希望得到的並不是金錢。正如我們所見，外部的認可會激發高級經理人和有才能員工的工作熱情。我們最賞識的人往往最迫切需要我們的重視。得不到重視，他們會特別傷心。如果出現了這種情況，讚賞就會轉化為不滿。愛恨交織的情緒一旦出現，就可能產生惡意報復的現象。我們會用惡意的誹謗來報復那些不肯給予我們關心的人。貶低別人的人往往是以此抬高自己，這一點毫無疑問。

「尊重」這個詞包含著珍視的含義。你要告訴周圍的人，他們體現出了什麼樣的價值，或者說他們是多麼珍貴。尊重自己和其他人是領導的關鍵。獲得尊重的人會發生改變，而尊重他人的人可以引領人們所向無敵。如果你非常重視並尊重客戶和員工，那麼你就擁有了成功經營的基礎。

構建信任

人們希望互相信任，也必須互相信任。在現今這個關係鬆散的時代，可以經受住考驗的關係，其基礎就是信任，它的意義不斷增強。按照社會學家尼克拉斯・盧曼（Niklas Luhmann）的說法，處理複雜性的唯一機會就是信任。領導階層主要藉電子郵件與員工溝通，因為現在可以經由虛擬空間克服距離的障礙，在這種情況下，人主要靠信任聯繫在一起。如果人們沒有時間或者能力去調查一件事情，那麼信賴就是最好的黏合劑。現在網民通過網路和陌生人做生意，同樣也是建立在信任的基礎上。

信任提升速度，它的反面就是死板的控制，這只會拖慢進程。正是因為這個原因，官僚主義和等級制度只能作毫無希望的掙扎，它們在爭奪未來的競賽中必定失敗。信任使企業充滿創造力，反應迅速，並且運轉良好，因為創新和有建樹的改進過程需要知識的交流。員工只有在彼此信任的情況下才會分享自己的知識。多特蒙德應用技術大學（Fachhochschule Dortmund University of Applied Sciences and Arts）的組織心理學家米歇爾・卡斯特爾預測：「高效運作團隊的最佳工作狀態的核心前提，主要是自由溝通的知識和最大限度的信任。」只有在信任的文化中人們才能取得巨大成就。

信任使企業充滿創造力，反應迅速，運轉良好。

信任是相互的，如果你信任我，那麼我也信任你。然而就像付出與收穫一樣，信任循環也是從付出信任開始。一個人信任其他人，其他人也會對他回以信任。如果一切運轉正常，雙方的信任會逐漸增加。敢於邁出信任第一步的人就已經戰勝了擔心自己蒙受損失的恐懼，表現出了自信心。信任別人的人也值得他人信任。相反，如果一個人非常多疑，那麼他周圍的人也會對他表現出懷疑。

信任當然只能出現在沒有擔心的環境中。老子曾經說過：「信不足焉，有不信焉。」猜疑的文化中瀰漫著不安、疑心和膽怯的情緒。這種情緒一旦傳播擴散，一場自保的「軍備競賽」就此開始。這時人們看任何人都像敵人，感覺到處隱藏著壞人，處處都要留心謹慎。如果人們想要提高工作環境的品質，就應該勇敢地邁出信任的一步。萊因哈特・施普倫格寫道：「如果我們小心翼翼地監視其他人，那麼我們最終也會監視自己，因為為他人築起的圍牆也會圍住自己。」

信任他人並非沒有風險，因此需要我們拿出勇氣。我的意思並不是天真幼稚和盲目信任。聰明人會警醒地信任他人。博弈論分析告訴我們，如果一個人首先對一段關係進行信任投資，並且隨後始終遵照對手的做法，那麼他會擁有一段非常成功的合作經歷。這也意味著，信任越多，感覺受到欺騙後的敵意也就越大。信任是一朵嬌嫩的花，需要時間慢慢綻放，卻能在瞬間被摧毀。恩斯特・費斯塔說過：「失去的信任永遠也找不回來。」

信任意味著敢於踏入全新的領域。人們逐步接近對方，同時都沒有讓對方失望，這時就會產生信任。我們摸索前行，只是為了找到值得托付信任的人。我們也會考驗其他人。最後，親密發展為信任，接觸、談話、合作和積極的成果共同構成了信任，好感也會增加信任。保留意見、隱秘監控和密室會談這些背後的小動作則會摧毀信任。（**表二**）

如果想要得到信任，那麼首先要做一個值得信任的人。信任的合作形式是從較強的一方即領導方面

表三

增加信任的行為	摧毀信任的行為
言行一致	言而無信
遵守承諾	不守承諾
坦誠的溝通	沉默、謊言、算計
坦率和可信	不專心、不正直
在交往中的公正與尊重	背後說壞話
可信與好感	捉摸不透、厭惡
相信能力與意志力	猜疑、隱秘的監控
認可做出的成績	不斷挑毛病、威脅
承認自己的錯誤	掩飾自己的錯誤
懲罰破壞信任的行為	容忍破壞信任的行為

開始。他們首先為信任做出表率，員工隨之也表現出信任，並且不破壞信任關係。然而，人們還是非常擔心信任被濫用，因此要保留必要的擔心，而不是讓善心大行其道。能夠和員工親密無間地工作是一種很棒的感覺，所以我們要保護信任。如果出現了破壞信任的行為，就應該毫不妥協地加以譴責。

信任的構建過程由很多小的區塊組成，例如可靠坦率、清晰透明、誠實公正、可信，以及遵守承諾。如果不值得信任就不會有信任。我們需要對缺乏透明度的事情堅決地加以披露。積極的經驗會增加友善的信任儲備金，甚至可以使我們承受住一再的失望。信任的發展過程雖然漫長，但非常值得我們進行投資。強硬的監控也有成本，而且花費的不只是時間和金錢，主要會消耗員工的熱情和努力。信任也需要幾條原則，主要是自負責任和自我監控的個人發展空間。

鼓勵熱情

抒情詩人約瑟夫・馮・艾興多夫曾（**Joseph Freiherr von Eichendorff**）經說過：「有激勵者的地方就是世界之巔。」希望員工百分之百努力的老闆必須學會激發他們的熱情。能夠激發員工熱情的通常是一些小事，但可以引發他們的情感共鳴。熱情也會原諒一些小失誤，因為興奮的人看什麼都是美好的，有點兒像剛剛墜入愛河的人，他們只看到好的一面，往往會忽略一些小缺點。

每一種員工關係的感情都是起伏不定的，在深深的恐懼與無拘的熱情之間不斷搖擺。因此人們經常問到的一個核心問題就是：員工對我們到底有什麼期望？以及我們如何在各種情況下（始終明顯地）超出他們的期望？我們如何確定自己的猜測是正確的？員工會評價所有內部觸點的情況，這就是他們感受到的現實。所以將期望與真正獲得的成績進行對比之後，人們就會表現出失望、滿意或者振奮。

員工的期望由公司對自己的評價和其他人對公司的評價組成。就業市場上的競爭者就是測量標竿，但是期望主要還是來自自己的內在想像。思想的地圖由我們的經驗構成，不斷更新，並且我們會進行重新評價。這是一個完全無意識的過程。產生經驗的回憶從來都與現實不會完全相符。經驗會受到積極或消極情緒的渲染，喜愛和厭惡以及選擇性的感受都會影響人們的經驗。我們的大腦會根據具體情況尋找看起來適合的材料來填補記憶空白，所以兩個人講述相同的事情可能會出現截然不同的說法。

個人期望與主觀評價對比的結果與自身的要求水準有關，也受當時情緒的影響。如果一個人心情好，就會寬容一些小錯誤。如果碰上對方不順心，那麼無論怎麼努力也不會得到誇獎。在這種狀況下，我們的大腦就會想到最糟糕的情況，因此你必須始終遵守承諾。只有滿足員工的期望才有可能激發他們的熱情。為了激發他們的熱情，你必須超越他們的期望，否則積極維持的期望水準很快就會轉化為失望。

最後再提供一點建議：激發員工熱情的因素很快就會失效，因為人們會習慣他們的生活狀態，所以要不斷想出新的、不同的、出人意料的獨創方法。這樣員工就不會產生「理所應當」的心態。大量的想法是必要前提，此外還需要有創新性。我們在第三部份還會繼續探討這一話題。

促進聯繫

自從人類的祖先從樹上下來，開始直立行走，周圍的一切就都圍繞著群體生活展開。對於我們來說，得到一個團體的承認有著至關重要的意義，被排除在團體之外是最悲慘的經歷。單槍匹馬的我們都是弱小的，而團結就會讓我們強大起來。最不幸的就是那些任何人對其都無所求的人，他們既沒人關心，也沒人需要。成為一個團體有價值、受尊重的成員會給我們帶來安全感。社會隔離是最嚴厲的懲罰之一。這會讓人充滿敵意，或者被沮喪情緒包圍。社會孤立會造成鎮定荷爾蒙——血清素的指標下降，最終導致大腦功能癱瘓，嬰兒會因此死亡。

人們都自私自利，只關心自己的利益，這是一種迷信的看法。理查德・道金斯（Clinton Richard Dawkins）在一九七六年出版了名著《自私的基因》（*Das Egoistische Gen*），這本書使他聲名鵲起，也極大地推動了人是自私的這種觀點的傳播。然而，近幾年有愈來愈多神經生物學研究著作問世，揭示了人們身上捨己為人的本質。《社會大腦》（*Social Brain*）就是其中之一。我在這裡總結一下這些觀點：人們的主要目標並不是自私和競爭，而是關照和實現人與人之間的關係。如果人們合作，大腦中的獎勵體系就會做出積極反應。

如果我們合作，大腦中的獎勵體系就會做出積極反應。

然而周圍環境在這時發揮著重要作用。史丹佛大學的社會心理學家李・羅斯（Lee Ross）在《哈佛商業經理人》中介紹了他的實驗。他將實驗參與者分成兩個完全相同的小組，其中一個小組玩「大眾遊戲」，另一組則被告知他們在玩「華爾街遊戲」，利己主義會得到獎勵。實際上兩個小組玩的是相同的遊戲，只是名字不同而已。在「大眾遊戲」中，百分之七十的參與者自始至終保持合作，而「華爾街遊戲」中則有百分之七十的參與者沒有合作。所以只是名稱的不同就會影響百分之四十的參與者，而且開始還表現得很自私的參與者後來也在協作的遊戲形式中變得樂於合作。

因此主張內部競爭的人錯過了本可以透過合作產生的百分之七十的潛在力量。形成「我們」的概念並為之歡欣鼓舞，遠比個人英雄主義的勝利更讓人振奮。在後一種情況中，雖然小部份人取得了成功，但是大部份人都會淪為失敗者。失敗者聚集的地方總是瀰漫著嫉妒和羨慕的情緒，尖酸刻薄、陰謀詭計和詆毀中傷就層出不窮，就連作為整體的公司也會遭受損失。如果人們互相敵對，就會在關鍵時刻落井下石，自己的想法也不會與人分享，結果就是更大的產能損失。

發展這種傳統輸贏模式的人似乎永遠只看到所得，而不去考慮損失。既然協作如此重要，那麼所有人就應該打破部門界限，設定共同的目標，然後一起努力，團隊激勵和雙贏模式就更適合。激勵的方式源自共同實現的結果，而不是通過冷冰冰的數字。

人們都希望能夠以自己選擇的陣營為榮，因為自己也會跟著沾光。我們承認自己的陣營，並以此與其他人區分開來。成功的企業不僅為員工提供一種身份認同，也會使他們實現自我提升。男性似乎比女性更看重這種公開表明自己所屬團體的做法。

> 成功的企業不僅為員工提供一種身份認同，也使他們實現了自我提升。

完美的「我們」概念由哪些因素組成？這與員工工作的模式完全無關，包括以下方面：

- 可以慶祝的成功
- 顯示從屬性的標識
- 將人們聯繫在一起的儀式
- 故事、神話、傳說
- 通過大眾得到的感受

貢特爾・沃爾夫（Gunther Wolf）在《員工情感聯繫》（*Mitarbeiterbindung*）一書中講述了一個成功的例子。歐倍德建築連鎖店的區域經銷商負責人要求員工們不要在午休時間換掉工作服。起初還有幾個人有意見，但大家最終還是這麼做了。誰願意被孤立呢？很快就有人和這個團隊搭話，徵求專業意見，所以他們被看作一個整體。有人拍了一張照片並發到自己的臉書上：「真棒，我們幾乎都在這裡，整個店都變成了橙色。」這支橙色軍團光顧過的餐館，服務人員都到歐倍德店裡買東西。那些聽取了專業建議的人也來到店裡。大家都爭相吸引客人光顧歐倍德市場，甚至還出現了一次競賽。

是的，強大的「我們」的概念產生於共同的經歷、有計劃的結果，以及因為公司而形成的自豪感。員工會藉著積極的描述將這些事情傳播出去。因此，員工不僅能夠吸引有價值的應徵者，還會增強客戶的忠誠性，因為員工忠誠與客戶忠誠相互聯繫。如果沒有忠誠的員工，那麼忠誠的客戶也很快都會離開，積極的宣傳員就徹底找不到了。

13 員工的新角色

一名員工在自己的部落格中詳細地評論了新的生產主管，新主管自稱幾個星期後會到職。然而這件事情還有一個問題，因為工作關係還在老東家那裡，所以他還沒有被正式介紹給同事。無論是無意為之，還是有意爆料，新媒體很容易犯這種草率的錯誤。如今每個人都有可能成為公司的「發言人」。過去，記者總是躲在公司後門偷聽心直口快的員工的無心之言，或者是期待公司高層出現紕漏。而現在，人們只需瀏覽網路上的喋喋不休就會得到驚喜的訊息。

> 每位員工都在做公關，這件事情已經不由公司控制了。

藉助辭藻華麗的人才招募廣告和裝幀精美的公司簡介來裝點門面的時代已經一去不復返了。每個企業在網路這個大舞台上都是一絲不掛。赤身裸體的人就應該有好身材。現在，公司的內部生活會受到毫不留情的批判，失望的員工會在網路上大吐苦水。在這種情況下，維護公司形象就顯得至關重要。網路上口碑不好的公司在未來優秀人才的爭奪戰中將會空手而歸，或者它們必須擺出高昂的薪水籌碼。只有精心維護員工的企業才不需要為此擔憂。

無處不在的大眾監督

過去，大多數企業都推行一種聲音的政策。公司發言人的職責就是代表公司給出答覆，勤勞的公關部門認真地推敲答覆的每一個字。然而，公關部門主宰發言權的時代早已過去了。

- 「我們的客服人員總是人手不夠。」
- 「老闆反正只關心我們的業績。」
- 「如果繼續這樣，我們很快就會破產了。」

如今，企業員工在火車上都可以公開發表看法。

喜歡這樣做的人會比以往任何時候都更容易接觸更廣泛的群體，而且不會受到控制。他們可以使用無限廣闊的數位媒體，積極和消極的言論都會飛速地傳播開來。公司中網路原住民越多，這種效果表現得就越明顯。這也是讓人喜憂參半的事情。

從積極方面來看，每一個員工都可能成為企業事務的宣傳員、支持者和發表意見者。在可行的情況下，員工可以以「公司宣傳員」的身份增強企業的品牌效應，這比任何公開的宣傳都可信。品牌專家卡爾斯騰・基里安在《行銷經濟》（*Absatzwirtschaft*）的一篇文章中解釋說：「只有員工深刻地理解了企業價值，並且產生了對這個品牌的情感聯繫，他們才能有效地幫助品牌獲得成功。」

即使組織成員不願（被）當作傳話筒，他們也可以在企業以外提供服務。你可以組織一次研討會讓大家集思廣益。可口可樂公司就開展過一個公開的品牌宣傳員計劃，鼓勵員工以自己的言行支持公司。

例如，員工可以留意各個商店中是否銷售可口可樂產品，產品擺放是否井然有序。漢高公司的最新調查結果告訴我們員工支持品牌的行為有多大的作用。根據他們的調查結果，一個公司品牌的成功百分之六十三・五要歸功於大眾媒體，百分之三十一・五源自與品牌相關的員工行為。

一家電信公司的財務總監在股東大會上介紹，公司應該用什麼方法炒掉冗員而且不幹活的員工。這個人沒有意識到，他所說的都被錄下來了。視頻被上傳到YouTube，引發了員工的憤怒。媒體進行了詳盡的報導，這家公司的形象嚴重受損，這位發表不當言論的總監也引咎辭職。

老闆比員工更重要，他們代表著公司的形象，而且始終受到人們的關注。公司管理者正確或者錯誤的態度會嚴重影響公司形象和營業額，最近出現了很多這樣的情況。這意味著，領導應該以正直、謙遜的形象代表公司的利益，不斷努力增強自己的外在影響力，保持與員工的聯繫。

A&F公司就深切地感受到了如今大眾對傲慢的低容忍度。公司投入大量廣告資金將自己的品牌定位在美女和富人階層。公司的首席執行長麥克・傑佛瑞斯（Mike Jeffries）傲慢地宣稱，他只想看到年輕、苗條、漂亮的人穿著自己品牌的衣服。因此公司不會將瑕疵品送到社會救濟部門，而是直接銷毀。這種做法打擊了大多數人。作家格里格・卡博在視頻中呼籲民眾將A&F的舊衣服送給窮人，應該讓這個品牌成為「流浪漢服飾之首」。他的YouTube視頻很快就獲得了將近八百萬次的點擊量。結果就是民眾的抵制和高達兩位數的營業額損失，二〇一三年上半年利潤損失達到百分之三十三。愈來愈多的人明顯表現出對傲慢和區別對待的憎惡和不滿。

最有說服力的宣傳員

員工在自己的生活中一直充當公司宣傳員的角色。他們早已不只是代表個人，而是作為公司的一部份。就在幾年前這種宣傳角色還只限於家庭成員、鄰居和朋友間。口碑宣傳也只存在於可見的範圍內。一些宣傳雖然有所耳聞，但難以眼見。由於人的記憶力有限，所以這種宣傳很快就會被遺忘。現在人們可以和全世界分享他們對自己公司的看法。網路的內容也會永久保存。

因此，公司無論是現在還是未來都要有力地證明自己的確是優秀的。如果不是企業自己宣稱，而是由備受鼓舞的員工來證明，宣傳就會達到最佳效果。第三方給出的證明永遠會為信任加分。他們的推薦、提示和建議聽起來非常可信，很容易獲得人們的支持。真實的員工看法的力量遠遠超過虛假的公司宣傳口號。

二〇一三年達石企業品牌調查採訪了來自八個歐洲國家的六千名受訪者，其中百分之八十一的受訪者表示相信親人和朋友的建議，將近百分之六十五的受訪者相信媒體報導的訊息，但只有百分之二十二的受訪者相信社群媒體中企業的說法。所以花大價錢去做廣告宣傳毫無意義，因為這根本就不起作用。相反，讓內部的公關部門積極地加入公司品牌宣傳則是明智之舉，這樣可以使優秀的倡議通過媒體進行宣傳。根據達石調查的結果，八百三十家受訪企業中只有百分之三的企業這樣做。

粉絲級員工：積極的推薦者

除了努力和忠誠，積極的推薦就是企業從員工那裡得到的最有價值的品質了。宇觀心理調查公司（YouGov Psychonomics AG）的一項調查問題是：「我會向朋友和熟人傳達我的僱主的積極訊息。」僅有百分之四十九的德國員工贊同上面的說法。如果涉及公司的產品和服務，也只有百分之五十六的員工表示推薦。頂尖的公司在以上兩項問卷中分別得到超過百分之九十的員工支持。這告訴我們，只有人們百分之百地確信一件事情，他們才會推薦給別人。因為人們的每一次推薦既可能交朋友，也可能樹立敵人。口碑宣傳需要出色的表達能力和熱情。推薦還需要信任，因為每一次推薦都是在拿自己的名聲做賭注。

> 人們只會推薦有價值的公司。

因此，人們只會推薦有價值的公司。人們只有得到了值得一談的東西，他們才會積極地發表意見。推薦需要使用最高級的形容詞，中等水平是不值得推薦的。人們只有在非常滿意或者不滿意的情況下才會積極地推薦或者排斥。

人們在以下情況下會進行推薦：

- 可以以此彰顯自己的個性
- 可以由此表現自己非常酷

- 可以滿足自己得到讚賞的渴望
- 可以為其他人謀幸福
- 可以為自己獲取內部訊息
- 有歸屬感，覺得自己是團體的一分子
- 參與構建某一過程
- 可以談論有趣的或者轟動性的話題
- 可以報導一些全新的或者外部訊息
- 報導一些有用的或者有價值的訊息

一切都很清楚，如果你希望員工在公司以外扮演宣傳員的角色，那麼首先要為他們提供一個良好的工作環境；其次要給他們一些有趣的話題，他們就願意在自己的社群網路上進行分享。

策劃話題

人們很容易接受故事，因為我們的大腦具備形象思維的功能。神經學研究者認為，每一次思維和決定過程都受大腦機制引導。我們最喜歡結局幸福的故事。但說實話，哪些故事是你在走廊、餐廳和電話中聽到的？哪些是實習生講的？哪些是外勤人員帶來的？主管傳遞了哪些訊息？如果你問警衛，他會告訴你什麼訊息呢？

員工描繪的畫面就是人們將從他們那裡得到的畫面。所以你講的故事應該是他們做對外宣傳的故事！你要多說成績，少說問題！積極的形象會讓所有人著迷，其中就包括（潛在的）員工和客戶。成功的故事激勵鼓舞著我們，釋放出巨大的能量。人們將其保留下來，繼續傳揚。你要找一些積極的小話題，開發出讓員工引以為榮的內容。有經驗的人會創造出一個可以不斷使用的話題庫。

在話題策略中要讓員工傳播有用的、重要的和有趣的內容，自我展示要退居次位。主要訊息應該具備很高的附加價值。公司名稱雖然也會出現，但應僅僅是以這些內容的所有者之身份出現。話題的目的是喚起人們的興趣，增加信任，將目標群體的注意力吸引到公司的品牌上。這時主要考慮使用專業文章、演示、視頻、線上研討會、訊息圖示和圖畫等方式，當然也包括講故事。

坊間流傳著比爾・蓋茨的故事：他的獵頭團隊鎖定了一個很有前途的年輕人，他學習成績優秀，課餘時間還經營著一家小公司，各種體育運動都有著不俗的成績，而且熱心社會活動。蓋茨得知後做了什麼？他親自給年輕人打電話，問他願不願意到微軟公司工作。沒錯，神話就是這樣產生的。

原創的招聘活動故事同樣可以生動地傳播。你不妨試一試游擊行銷！游擊行銷聽起來很可怕，但是這個概念背後隱藏著無限的創意，會帶給你各種驚喜。策劃周全的游擊活動體現了這個詞最真實的含義，大膽調皮、吵鬧反叛、非常規、有挑釁意味，而且還有病毒式傳播性。它們使對話呈現兩極分化的趨勢，有人喜歡，也有人討厭，但它們永遠是人們談論的話題。

人力資源部門也可以運用游擊策略，以相對較小的投入引起有潛力的應徵者的關注。例如來自漢堡的戎馬廣告公司（Jung von Matt）憑藉辭職日曆的創意奪得了坎城國際創意節（Cannes Lions International Festival Of Creativity）的金獅獎。這個日曆設計了三百六十五封不同的辭職信，你可以用這些辭職信向老闆提出辭呈，然後盡快加入戎馬的團隊。與之競爭的Scholz & Friends廣告公司與員工們非常喜愛的一家比薩店合作，提出自己的創意。如果有人在這家店預訂一個比薩，會得到一個免費的「數位比薩」，這張比薩上有一個用番茄醬畫出的二維碼，藉著這個二維碼可以直接得到一份工作。這家公司隨後收到了十二份求職信。這個創意的視頻在YouTube上獲得了三萬三千個點擊量。

托馬斯・帕塔拉斯生活在我的家鄉門興格拉德巴赫（Mönchengladbach），是一位游擊行銷專家，他認為：「如果選擇了游擊策略，那麼除了原創和勇氣之外，更重要的是不要重複相同的活動，也不要抄襲別人的創意。成功取決於活動引起的驚喜。如果人們把時間浪費在相似的活動上，那麼等待他們的會是嘲諷，而不是聲望。」口碑宣傳效應是另一方面。活動訊息可以上傳到社群網路，並由此進行傳播。媒體和部落格都是潛在的媒介，公司的員工也可以在他們自己的社群網路中扮演宣傳員的角色。

提高員工推薦的積極性

即使員工對公司非常滿意，他們也不會立刻想到要積極地推薦自己的公司。這就意味著要給他們「打一針」，即鼓勵他們在線上和線下積極地支持自己的公司，分享並傳播訊息。這應該是一個設計巧妙的過程。你可以在這一過程中做些什麼？下面是幾個例子：

- 系統地收集成功的故事，逐步將這些故事作為「每天一個成功故事」發佈在公司內部網路上。
- 在公司內部網路上發佈一些公司成功招聘活動的故事。
- 在每天的例會上先講一個成功的小故事，讓員工將這個故事繼續傳播開來。
- 利用內部電子郵件簽名下面的空間，宣傳每日成功故事。
- 在接待處安裝一個數位來賓登記簿，訪客和員工可以在合適的平台上寫下自己的看法。
- 在接待處、休息室、茶水間和其他地方擺放電視，播放其他人在網路上發表的積極評價。

- 在招聘頁面以及其他網頁上設置推薦鏈接。邀請人們轉發公司的人才招募消息。
- 在公司的網站上設置所有重要網站的社群媒體鏈接，這樣會增強傳播效果。
- 公佈一些數據，這會告訴人們員工推薦與其他招聘方式相比的優勢。
- 要求有微網誌賬戶的員工在微網誌上鏈接公司的人才招募訊息。這樣所有有意願的人都可以通過鏈接瞭解職位的資訊。
- 如果公司在網上發佈了人才招募訊息，可以要求員工偶爾發表評論，對報導和職位訊息點讚，並分享。

基本原則：將所有的社群媒體活動聯繫在一起。簡化傳播方式，滑鼠點擊一下就夠了。

HR之外的招聘員

最有效的招聘方式不是人才招募廣告、閃閃發光的宣傳冊和其他的招聘手段，而是藉助熱情的粉絲級員工、積極的支持者和可信的推薦人。他們是新舊道路的鏈接，他們拓路鋪石，建立平坦的道路。他們最有說服力，且無用損耗最低，因為他們是非常有針對性地聯繫某一職位或者團隊工作的合適人選。他們不僅免費工作，往往也會取得不錯的成效。

為什麼會這樣？無論是你認識的人，還是網上遇到的陌生人，推薦人都會在可能性的叢林中為你指明方向。他們用信任取代知識的貧乏。他們的「讚」和「踩」簡化了我們大腦的工作，縮短了做決定的過程，降低了錯誤決定的風險，也降低了失望的風險。他們為我們提供安全感，幫助我們節約大量時間。基於以上原因，我們大多數情況下幾乎是盲目地聽從推介。這種情況不僅出現在客戶關係中，在招聘領域中的效果也逐漸增強。

員工推薦的卓越效果

如果人們關注不同的研究，就會清楚地發現，通過推薦招聘的員工一般都是最具價值的員工：他們更快地進入狀態，更適合工作，融入角色也更順利，他們工作得更長久更積極，效率也更高，他們自身也會積極地承擔宣傳的工作。

各種研究結果也告訴我們：優秀員工的推薦會帶來相似的員工，他們同樣也具備積極、忠誠、高效的品質。中等水平員工介紹的也是中等水平的人，讓人失望的員工也會推薦和他們一樣的人。所以首先應該激勵優秀人才積極推薦。

下面的問題可以幫助你弄清楚自身的情況：

- 員工推薦可以多大比例滿足招聘需求？其他途徑比例是多少？
- 員工推薦的人從遞交簡歷到簽訂合約需要多長時間？其他途徑的人需要多長時間？
- 員工推薦的人離職比例有多高？其他途徑的人呢？
- 推薦任職的公司招聘成本有多高？通過其他方式招聘的人員呢？
- 經推薦的人員順利通過試用期的比例有多高？非推薦人員的比例有多高？
- 經推薦的人員工作時間、更換工作頻率和其他重要指標如何？非推薦人員呢？
- 經推薦的員工自己也成為積極推薦人的可能性有多大？

- 哪個部門的哪些員工最有可能繼續推薦？成功可能性有多大？每次推薦的結果如何？
- 存在性別、文化、地區或者國家的差別嗎？不同經營領域或者分支機構之間存在差別嗎？原因是什麼？
- 什麼人或者什麼事情最容易被推薦？什麼人或者事情得不到推薦？

我們可以藉助這樣的分析得出成功的模式並推導出具體的措施，這樣就可以繼續提升目前的推薦量，以及與此相關的應徵者品質。這是未來必經的過程。新時代是社群媒體的時代，企業必須爭取最優秀的人才，因此專業的員工推薦管理體系在獵頭過程中發揮著重要作用。

這裡有一個實際的例子。「人們互相瞭解。」根據這一口號，漢堡人民銀行通過自己的員工來尋找新員工。「請您和潛在的新員工建立聯繫。如果應徵者簽下了工作合約，您就走運了。成功介紹一名員工就可以免費使用漢堡人民銀行的迷你敞篷跑車兩個月。」這一舉措受到了大家的歡迎。員工一般都不願意把車交回去，因為人們能感受到開著公司汽車的驕傲。對於銀行來說，汽車行駛在路上所產生的行銷效應也很重要，同時推薦人也會在社群網路上進行宣傳。還有一點不要忘記：審計部門也喜歡這項計劃，因為他們可以簡單地確定成本。這一方式的成效可以經由數據顯而易見地體現出來。銀行人事部門經理介紹說：「我們銀行從二〇〇八年到二〇一二年共僱用了八十九名新員工，其中有十八人是通過推薦計劃任職，大約佔五分之一。這期間共有二十八人在工作十八個月左右離職。其中只有一個人是經推薦計劃而被聘任的，她離開的原因是要更換工作城市。經推薦任職的其餘十七名員工都繼續在團隊中忠誠積極地工作。」

還有一個很棒的附加效果：熱情地推薦人選的員工會在工作表現上有很大提升，他們的忠誠度也會不斷增加，最終會變成自願留在公司的粉絲級員工。

如何運作員工推薦計劃

標準的推薦計劃需要將線上和線下活動聯繫在一起。通常要製作一份清單，把必要內容解釋清楚，另外還要將推薦計劃的所有訊息上傳到公司內部網路。你需要劃定應該參加這個計劃的目標群體，這樣就會避免收到不合適的推薦。要盡可能簡化煩瑣的書面形式。還可以提供一個小型的「我如何成為有力的推薦者」的培訓。建立一個部落格，這樣員工就有了可以分享經驗的平台。設立一位專門的聯繫人。要即時更新空缺職位，公佈正在進行中的推薦。同時定期積極地宣佈計劃的成果，表揚優秀的推薦人，同時讓外部人員加入進來。

二〇一二年人力資源資訊系統中心（CHRIS）對一千家德國中小企業進行調查，百分之七十八的受訪企業使用員工推薦計劃來招聘新員工，百分之十五・二的新員工是經員工推薦計劃任職。二〇一三年Monster.at在奧地利的五百強公司中開展研究，結果顯示，百分之八十的企業鼓勵員工在自己的社群圈中宣傳公司的空缺職位。成功的員工推薦會獲得百分之二十五的薪資獎勵，百分之四十五・五的公司為成功推薦的員工提供最高為五百歐元的金錢或者實物獎勵，還有百分之四十五・五的公司獎勵金額最高達到一千歐元，其餘百分之九的企業則設立了更高獎勵金額。

金錢能夠永遠激勵內部員工嗎？不，當然不會。一家公司懸賞一個月的薪資讓員工進行推薦，卻沒有任何結果。原因是什麼？因為網上高調標榜的良好企業文化並不存在。並且事實恰恰相反，這家公司的領導文化非常糟糕。誰願意把自己的朋友拉近火坑？是的，只有值得推薦的公司才會獲得推薦。

只有金錢才能鼓勵員工的推薦行為嗎？顯然也不是。真正的成功推薦的秘訣是自願。如果被推薦者得知其中存在金錢獎勵，那麼可信度和信賴感就會大打折扣。這還會使得人們仔細地審視一切。人們會因此產生保留態度，最終可能會忽略推薦的建議。

> 真正的成功推薦之秘訣是自願。

大公無私的建議才是最好的建議，事後的獎勵就是另一回事了。克里斯蒂安・埃爾格（von Christian E. Elger）在《神經領導力》（*Neuroleadership*）這本書中寫道：「禮物、獎勵和好處當然會激勵大腦中的獎勵體系，但最好的方式是沒有事先通知和不期而遇。……實驗表明，突如其來的禮物會使員工的效率額外增加十個百分點。」這個建議很有幫助。

人們每推薦一位適合的員工都會為公司節約一筆招聘費用，所以公司不要太吝嗇。但是不要只想到金錢和代金券。你可以鼓勵員工多做推薦，藉由積分方式獲得更好的獎勵；還可以按照被推薦來的員工的工作時間劃分等級，讓推薦人自由選擇非金錢獎勵；也可以將誘人的培訓機會作為獎勵，或者一次有意義的捐贈活動。你要尋找一些金錢買不到的東西：帶薪休假、公司停車場第一排的免費停車位、夢幻旅行的抽獎、為所有推薦人舉辦的慶典。還可以把大老闆隨機派到推薦人旅行團中，這會給人留下深刻的印象，而且受到鼓勵的員工會做出更大的成績。還是那句話：你要讓員工參與到這樣的計劃中來。

除了獎勵和應徵成功以外，還要給推薦人一些反饋意見，讓他知道推薦的結果如何。你要表達對他們推薦的人的賞識，例如，可以說：「我必須承認，你的朋友是很有趣的人（可愛的／有見識的

／……）。」人們特別珍視這些小小的幸福時刻。更重要的是，如果人們收到這樣的回饋，他們就覺得應該感謝對方。社會學家稱之為互惠效應。這樣初次推薦人就會有機會再次成為優秀推薦人。

給老闆打分

人才招募廣告上的一切都很美好：「我們這裡擁有友善的同事和現代化的工作環境，我們會為您提供豐富多彩的活動以及有競爭力的職業發展空間。」然而如果人們將公司的名稱輸入僱主評價網站Kununu，聽到的完全是另一種聲音：「董事會和人力資源經理犧牲員工的利益來優化公司的關鍵績效指標考核，這樣公司就會獲得最大利潤。」

二〇一三年七月，某家著名管理諮詢公司共收到兩百八十六條評論和二十三萬一千九百九十三次點擊。員工的平均評價分為二・六三分。公司負責人給出的分數明顯提高了這一數值，因為他們都給出了最高值五分。其他管理諮詢公司的評價分為三至四・二分。如果在谷歌搜索欄中輸入公司名稱和董事會，搜索結果的第二條就會出現上面的內容。

這並不是個別現象。如果我們在谷歌搜索欄中輸入作為僱主的公司名稱，那麼排在最前面的結果一般都不是這家公司的主頁，而是評論和意見網站上的評論內容。人們可以看到，就連搜索引擎也偏愛人們對一家公司發表的看法。有時讀到的內容會讓人感到震驚。在華麗的主導思想中有意虛構的雄心壯志，和真實經歷的現實生活之間存在著巨大的差距。就算這些評價存在主觀因素，潛在的應徵者也可以事先通過這些僱主評價網站對一家公司的文化進行一些瞭解。這樣就可以簡單瞭解這家公司是否適合自己。

這些論壇上只有失敗者、低收入者和想要報復的離職人員嗎？絕對不是。大多數論壇網站已經可以提供較大規模的公司全面之經驗報告，這些報告記錄了人們的觀點，其中就包括領導階層應該快速採取什麼樣的改變。另外，讀者們都有著豐富的經驗，不容易受到欺騙。評論者的意圖和嚴肅性很快就會顯露出來。此外，網站的規則限定了人們的詞語選擇，例如，評論中不允許提到具體的姓名。

評價網站不是心存報復的前員工聚集的組織，它們可以給出有價值的回饋意見。

這些只是個人的意見嗎？如果意見鮮明而具體，並且能夠詳細描述評價的方面，那麼每一種意見都很有價值。只要人們對此感興趣，就可以做一些事情。

很多意見都是受人操縱的？優秀的網站都配有安全和監督軟體，所有評論在公佈之前都要通過審查，之後還要進行人工檢查。最後還有一個檢舉功能，網站可以立刻刪除遭到檢舉的虛假評價。**Kununu**的社群媒體經理人塔瑪拉・弗拉斯特（**Tamara Katja Frast**）針對我的詢問給出了答覆：「現在約有百分之九十的評論符合我們的規定。對於其餘的評論，我們現在要求用戶按照我們的規定進行調整。其中大部份用戶還是願意聽從我們的建議。另外，人們也不要忘記，虛假評論不是長久之計。如果靠吹噓創造出來的頂尖公司無法遵守自己的許諾，失望的員工很快就會將這些事情公之於眾。」

人們對僱主評論網站的追捧很快就會偃旗息鼓嗎？我對此深表懷疑。**Y**世代在相關網站上和其他人分享自己的意見、觀點和建議，毫無疑問，這已經成為他們的生活方式。這也是他們得到認可，在自己的社群圈中獲取聲望的方式。

德國資訊與通信行業聯盟Bitkom在七百七十八名網路用戶中發起一項民意測驗，結果顯示，四分之一的用戶經由評論網站獲取潛在的僱主訊息。百分之七十真正打算換工作的人認為，他們在做決定時受到了這些評論的影響。百分之四十的人承認，他們就是因為這些評論才下決心換工作。

如何邀請員工做出積極評論

如果你獲得了員工的忠誠和積極性，邀請員工在Kununu網站對公司進行評價才有意義。你需要清楚地解釋評價的重要性，這會極大地增加成功的機率。我們的大腦喜歡解釋，這樣我們就知道了為什麼要積極行動。例如你可以這樣寫：「我們急需一些新員工，這會補充我們已有的高效團隊。優秀人才會事先在網上獲取訊息，所以您在Kununu上的一些積極評價對我們所有人都有幫助。如果您願意，那麼……」接下來可以簡要介紹一下如何發表評論，讓每個人都能瞭解整個過程。絕對不能為獲得積極評價提供金錢和其他的獎勵，這樣的事情很快就會傳開，人們的憤怒就不可避免了。

這樣的呼籲究竟會有什麼效果？亨納爾・柯納本萊希在他的部落格中對安娜・福爾格斯進行採訪，後者是位於梅爾布施的美敦力有限責任公司（Medtronic GmbH）的人才招募專家。她在採訪中說道：「在發出評價呼籲後的幾天內就新增了一百多條新評價，而且我們的評價分值也高於平均水準。因此我們很快就在Kununu上找到了一個促使我們的『內部價值』對外交流的可行辦法……我們可以明顯感覺到應徵者在面試時表現出的熱情。他們在面試時會提到美敦力在Kununu上的介紹。很多人正是因為這些介紹才來到我們公司應徵。」

公司網路人格的塑造者

如今，每一個員工都是市場上的傳話筒、宣傳員和輿論製造者，對於潛在的應徵者和客戶來說，他們決定著僱主的聲譽。然而很多員工並沒意識到他們無意中的一句話會在網路空間產生什麼樣的後果。

簡單瀏覽一下facebook.com的「我的老闆是……」這個話題就能披露很多問題。「我的老闆是一個動物愛好者，他每天都會把我們罵成是豬。」這就是一個例子。還有就是：「我的老闆是一個大笨蛋，前幾天他讓我給他沖一杯咖啡，我沖完之後在裡面狠狠地吐了口水。」人們做出這些表述之後一般都會詳細地描述事件的起因。我們暫且不論這麼做可能會威脅到自己的工作，這種愚蠢的做法也會將媒體的關注吸引到公司身上。不忠的行為可能會危及一家企業的生存。

社群媒體準則

員工在網路上要言行正確，這是企業的正當權利。所以社群媒體準則在網路中是不可或缺的。這一準則一般包含在社群媒體政策之中。準則是行為規範，它規範了作為企業代表的員工和經理人在社群網路中的行為。這些準則一般是怎麼形成的？像以往那樣自上而下，主管們在小房間裡如法炮製一些準則，然後發個電子郵件通知員工。這種做法注定會失敗，因為社群媒體準則應該和企業一樣，都是個性化的產物。

應該如何改善？在觸點計劃的框架下，由員工們自己制定社群媒體準則。你不用擔心，人們最終會得出符合公司利益的結果，而且整體進行的過程會更具創造性。這些準則在員工中也會獲得更高的認可度。還要提前給你一個建議：準則應該簡潔明瞭。規範無法考慮到每一種可能出現的情況。據我的經驗，一條最簡單的通用原則就是：「別做蠢事」。用三句話可以通俗地解釋為：可以進行內部批判，但僅限於公司內部；秘密就是秘密；個人觀點僅限於私下表達。德國谷歌的媒體公關經理史蒂芬・科伊歇爾（Stephen keuchel）對我說：「在我們公司，員工可以在社群媒體上談論谷歌對外公佈的所有內容。」另一條有用的原則就是：網路不能解決矛盾。

非常重要的一點是：社群媒體準則不應該只提出禁令或者禁止消極言論。與人們的普遍認識相反，人們展示在數位空間的大多數都是積極的內容。為什麼會這樣？網路很像一個真實的廣場，親眼所見非常重要，在這種情況下人們都想展示自己最好的一面。對於不熟悉或者不認識的人，大家都想給他們留下一個好印象，這就像真實的生活一樣。誰願意被外人看作吹毛求疵和喜歡嘮叨的人呢？的確，網路對某些人來說已經變成了一個公開的懺悔室，但對他們來說，最好還是展現自己積極的一面。

如果積極方面佔據主動，那麼人們就應該對其加以利用。如果你希望自己的員工擔任宣傳員的角色，那麼就可以具體地解釋：「公司非常歡迎大家積極投入社群媒體。」重要的是讓員工明白，自己是在以公司的名義發表看法。除主導方針以外，一些恰當的例子、法律後果的提示和名詞解釋也很有幫助。總體來說，主導方針有以下目標：

- 定義策略
- 避免犯錯
- 限制風險
- 創造安全

- 描繪禁忌
- 解釋法律問題
- 鼓勵使用

如果方針政策已經制定完畢，那麼就可以開始最重要的一步了：實施。以傳閱文件的方式通知肯定是不夠的。團隊主題討論、小型研討會或者一次「數位化的」企業旅行的方式更適合。定期通知和積極的故事都可以避免員工忘記這些準則。用遊戲測驗的方式對新任職的員工進行培訓，可以使他們熟悉這些準則，因為社群媒體始終帶有娛樂的特點。此外，公司還需要設立一位聯繫人，即使員工已經在網路上發表了一些不妥的言論，這位聯繫人也要保密處理他們的問題。最好由社群媒體經理人來擔任聯繫人。

社群媒體經理人

社群媒體經理人的任務一方面要開發、協調並落實一個企業的社群媒體觸點，另一方面要監督、分析並參與構建數位網路中與企業相關的內容。第一步始終是傾聽虛擬空間中的對話，並捕捉人們的觀點。尤其要關心（潛在的）客戶和（離職的）員工在評價網站上的觀點。

首先，他們要以適當的非商業性的內容、以記者的敏感度和通情達理的態度結束這些對話。其次，他們還要迅速地對用戶的請求做出反應，並回答他們的線上問題。此外還要加入符合目標群體利益的新內容，當然還有符合自身利益的內容、容易整理的故事和重要的內容，這些都可以讓社群活躍。

注意，人們很容易在這裡出差錯。二〇一二年三星（美國）公司在臉書網上的事件就是一個經典例證。三星給粉絲提出了一個似乎很正常的問題：「如果你在一個荒島上只能帶一件電子產品，你會帶什麼？」一萬九千個回答幾乎異口同聲地選擇了三星的競爭對手蘋果手機。兩千五百次分享和四萬六千次點讚又讓這一事件繼續發酵。這說明網路工作也暗藏風險。但是如果我們衡量風險和機會的比例，機會的比例還是大得多。為了解決特殊情況，人們必須準備應急預案。

網路原住民希望公司在社群網路領域能夠表現得專業。企業需要具備創造性、公關人才、敏銳的鑒別力和「厚顏無恥」（約克・布克曼語）。因為網路的速度非常快，好消息和壞消息都像潮水一樣在短時間內擴散出去。人們永遠不知道自己踢的球在數位空間中會怎樣被人帶走。這種態勢導致在實際工作中無法遵守辦事規程，不能走常規的表決程序，因為人們沒有時間等待上層的決定。因此社群媒體經理人需要一個無等級的空間，可以不受限制地與任何部門獨立進行聯繫，還需要行動的自由空間。

這裡有一個奧利奧的例子，這款沾著吃的餅乾在美國享受著被頂禮膜拜的地位。二〇一三年美國橄欖球超級盃總決賽下半場快要開始的時候，體育場突然停電。當所有觀眾在黑暗中焦急等待的時候，奧利奧的社群媒體團隊迅速做出反應。話題「人們在黑暗中也可以沾一沾」上傳到推特，黑色餅乾正好適合這一話題。將近一萬五千人次的分享使這一話題在推特上繼續傳播，五千人為其點讚。媒體使這個故事廣為傳播，公關創造了上百萬美元的價值。這就是有能力的員工和社群媒體創造出的價值。

社群媒體經理人的本質目標是在大眾領域、客戶群和求職市場上增強企業的聲望。他們將「外部」的人和「內部」的人聯繫起來，是企業和數位社群之間的架橋人和鋪路工。

社群媒體經理人最重要的目標是創造聲望。

14

網路時代的領導者

「如果新人加入我們的團隊，首先就要打敗他的意志。」這是一位星級大廚的原話。直到不久之前這樣的觀點還不是個別現象。這樣的方法對於那些年輕人才是行不通的，因為他們都是網路原住民。新的工作環境中人與人之間的關係發生了徹底的改變，因此領導文化也要轉變，這樣才能帶領公司走向未來。太多的管理失誤都源自一種過時的極端領導觀念，很遺憾這種觀念還有很大的市場。

「硬漢」出局

可惜領導階層中始終還有很多有經驗的老手，這些喜歡折磨人的「暴君」迷戀權力，不能容忍任何規定的限制。只要結果正確，人們還是經常會容忍這種糟糕的領導方式。這很荒唐，也非常卑鄙。只有經營正確，而且讓自己的員工也感受到成功才是優秀的老闆。

> 優秀的經理人不僅要經營正確，而且要讓自己的員工感受到成功。

謝天謝地，這種模擬時代的恐龍級硬漢正面臨滅絕的危險，因為社群媒體這顆彗星已經橫掃過來。企業文化正在全速更新，一切都在大眾的監督之下。在這種狀態下，欺騙和謊言都無處藏身。那些犧牲群體利益中飽私囊的人會被毫不留情地釘在恥辱柱上。權力和貪婪的神像也不再受寵，人們最多也就是在私底下還會拜一拜。這樣的情況最終也會結束，因為沒有人願意為殘暴的人工作，他們這是在自掘墳墓。

這種商務模式最終會流行起來，因為它明確強調，人們不做破壞也可以獲得成功。人們可以獲得豐厚的利潤，同時也會讓世界有一些進步。從現在起，只有這樣的做法才會受到大家的關注。來自奧格斯堡的女企業家吉娜・特林克瓦爾德說：「誰說我一定要聚斂財富？如果每個工作職位都可以獨立經營，我賺的就夠了。」

當然也有很多一直在尋找類似方式的經理人。然而在充斥著短視思維、立見成效和利潤最大的環境中，他們始終默默無聞。一段時間以來，我認識了愈來愈多堅定地尋找全新合作方式的經理人。他們對這個燃燒得面目全非的世界感到厭惡，也不想對那些筋疲力盡的員工負責任。他們迫切地尋找不會被烈火波及的方法，或者依靠自身的智慧可以免於焚燬的命運。我特別希望將本書送給這些經理人，因為現在有著完全不同的管理方式，而且我們急需新一代的領導人才。

領導與風格

領導力發展（Leadership Development）現在是一個流行的話題。大多數活動都計劃將（未來的）領導者按照要求培養成變革型、魅力型、有遠見、適應性強、全面的、理性的、以價值為導向的或者教練型的經理人。我可以藉助宣傳這些領導風格的觀點近一步解釋。

這裡必須介紹一些經典學者的理論，首先就是目標管理理論（Management by objectives, MBO），這一概念出自管理大師彼得・德魯克。這一理論在一九五四年提出之後就朝著正反兩個方向繼續發展：

- 第一個方向是積極方面，指的是與員工共同制定目標協議。這些目標定得很高，但是可以實現，每一個員工也都希望實現目標。關注的焦點不在於形式上的目標實現，而是可以實現的成功和獨立的工作。
- 第二個方向是消極方面，指的是目標規定。目標制定高得離譜，或者可以隨意更改，然後通過領導者向下傳達。這些目標實際上無法實現，而且還有非常嚴格的監督手段，這不僅極大增加了員工的壓力，也使這一理論愈來愈聲名狼藉。

公司領導階層中當然還有很多迷信絕對權力的人在推行專制管理。他們直接向下發佈工作指示。員工需要遵守辦事規程，而不能積極思考和主動創造。員工應該像僕人一樣聽話和順從。這雖然簡化了管理方式，但是我們已經看到，這種做法的危害性很大。這種按照命令和控制原則推行的指令性專制領導風格已經可以排除了。還要再強調一點：如果領導者將員工當作達到目的的工具，或者為了自己的（低）目標將員工工具化，那麼人們立刻就應該吊銷他們的管理許可證。

這種管理風格的現代版本也沒有多大的進步。上層不再通過指示和指導進行管理，而是像前面介紹的那樣，像監工和直流式熱水器一樣管理。鞏特・杜特（Gunter Dueck）在《全知》（*Omnisophie*）這本書中寫道：「他們簡單地要求結果的特定水準。你必須這樣（一切都以數字為標準），銷售這麼多，這樣去研究、傳播、節約、解雇、搜集或者收穫！我應該怎麼做呢？對此你會得到現代經理人的答覆：

這取決於你。」他們說著起身就走了，急著趕往下一個會議。我稱其為「領導型管理」。這和我們觀念中的管理人才完全無關。高水準的知識型員工還能適應這種方式，因為這符合他們的要求，而其餘的人則會感到非常無助，因為他們缺乏網路和堅實的基礎，而且從沒學習過這些。

如果不這樣，那要怎麼做？這要看具體情況，沒有一種永遠正確的領導風格。銷售人員必須根據不同的目標群體調整銷售策略，領導者也是一樣，他們也要根據員工類型靈活調整。領導者必須同時掌握多種領導風格，並且根據不同情況進行應用。不久前一個人對我說：「我們在整個公司確立了一種領導風格。」我們下面就會看到，這種做法一定行不通。

> 領導者必須同時掌握多種領導風格，並且根據不同情況進行應用。

新條件下的領導

「我們的主要工作時間是十一點到一點。」我二十五歲的侄子克里斯托夫對我說，他在一家網路公司工作。多虧了行動通信技術，按時出現在辦公室已經不像幾年前那麼重要了。僵化的工作結構逐漸瓦解，我們成為數位遊牧民族，在遷徙和定居之間轉換。我們在尋找與遇見中開發了自己的新天地。我們在電腦遊戲這樣的虛擬世界中再現這樣的場景，而現在高科技裝備就是我們的「武器」。但我們畢竟是社會化個體，家庭辦公和虛擬網路終究無法滿足我們的需求。我們需要在真實世界中實現人與人的交往，因此辦公室就是我們的聚集地，我們定期在這裡碰面、溝通。親近會產生親密關係。經常在一起的人不應該僅僅在一棟辦公樓上班，而是盡可能在同一層工作。我們在同一層樓尋找鄰居，這也是我們從遊牧時代保留的習慣。我們需要自己的空間、明亮溫暖的燈光、有意義的道路、交流的環境和圓形的聚集單位，需要休息時可以退回自己的空間、自己可以棲息的角落，當然還要有聊天的時間。

坐在辦公桌前接受命令並不能產生創造力，創意在人們思想放鬆、溝通想法的時候才會出現。我們在計劃的不同階段需要不同的空間創意。如果在辦公室工作時間減少，而高品質的家庭辦公增加，那麼公司就要為虛擬會談創造可能性。公司內部論壇、部落格和維基就為員工提供了這種可能，人們即使相距很遠也有一種親近的感覺。

在這種情況下，休閒與工作的結合愈來愈緊密。「休息」不再是五點鐘下班後和週末時光，人們會在適合的時間放鬆自己。員工既然將自己的私人時間奉獻給公司，那麼公司就必須將工作時間還給員工。我們的祖先曾經合理地安排工作與生活的節奏，但是這種和諧被工業時代打破。現在我們可以重新建立這種協調的統一體，我將其稱為「工作生活統一體」。

米歇爾・巴茨（Michael Bartz）是克雷姆斯高等專業學院（IMC Fachhochschule Krems GmbH）「工作新世界」研究計劃的負責人，他說：「在奧地利已經有百分之六十七的應徵者按照地點和時間獨立性的原則來選擇工作。」從經濟角度考慮，很多員工經常出差的公司都已經取消了辦公室，僅使用行動辦公室。如果某一計劃的工作小組定期聚會，就會選擇這種行動辦公室。不同文化和國籍的人聚集在一起，團隊的成員愈來愈多元化。

每週工作四天不再是經濟危機的信號，而是員工有意識地選擇自己的生活方式。每週工作六十小時也不一定是為了實現職業目標，也有可能是為了休假提前完成工作量。網路原住民和網路難民的工作方式必須協調一致。工作變動非常頻繁，這要求員工具備靈活、開放和不竭的動力。員工無法每天都出現在公司，這就要求管理者具備極大的情感溝通能力。

愈來愈複雜的領導工作

的確，領導現狀變得愈來愈複雜，工作模式也愈來愈多樣化。以下幾種方式在企業中同時存在：

- 簽訂固定勞動合約的員工
- 以短期勞動合約形式與公司合作的員工
- 全職員工
- 兼職員工
- 每天在公司上班的員工
- 只是偶爾出現在公司的員工
- 參與固定團隊合作的員工
- 不斷更換計劃的員工
- 承擔艱巨任務的員工
- 以低薪資完成常態工作的員工

評論家提姆・柯爾（Tim Cole）在《企業二〇二〇》（*Unternehmen 2020*）一書中寫道：「在未來

的工作中，內部和外部的單個個體、工作組和組織單位按照計劃和任務結成團隊，構成一種短期的虛擬組織。」計劃組織能力是一種必備的能力。準確評估所有員工能力的線上分析工具將成為標準配置。工作本身必須重新進行組織。這時企業就需要一種將自組織置於首要位置的領導風格。

因此，責任從「領袖」下放到了個人。從屬性在工業時代發揮著自己的作用，那時需要大量工人，他們必須毫無怨言地快速完成相同的操作，按照標準完成任務。上司透過指令做出決定，下屬完成指令的工作而無須詢問。如果一個人失去了行為能力，那麼他就需要別人來照顧他的生活起居。工作職位的保障換取服從，這就是一個交易。如果這種做法行不通，監護人的實力會不斷被削弱，資源也很緊缺，沒有人可以保障工作職位。只有非常簡單的工作才需要順從的被監護人。

新職業更多地與設計、革新、協調和協商相關。這些職業要求敏銳的感覺、情感溝通、直覺和人際理解的知識，這些都是女性大腦佔據優勢的能力。因此，很多男性在未來的就業市場中處於劣勢。經濟逐漸擺脫了父權原則的束縛。《易經》這本世界上最古老的智慧書預言道：「陽極必陰。」陽代表男性，陰代表女性。實物和競爭都來自男性原則，而協作與人際關係則是女性原則。我認為，理想狀態是將二者的優勢結合在一起。生於一七七二年的英國詩人塞繆爾・泰勒・柯勒律治（Samuel Taylor Coleridge）曾斷言：「偉大的精神一定是雌雄同體的。」文學教授蓋特露德・霍勒（Gertrud Holle）號召公司採取「混合的領導方式」。

管理還是領導？

在符合時代精神的企業中很少會出現「帶領」（fuhrung）這個詞，取而代之的是「領導」

（leadership）和「管理」（management），這兩個對立的概念常常被用作同義詞，但這兩個詞的意思並不一樣。management與管理相關，而leadership則主要與領導相關。在「帶領」中，人是焦點，而「管理」則涵蓋可以被組織的一切：對過程、結構和標準進行計劃、實施與監督。「帶領」暗含道德層面的意義，而「管理」則主要體現在經濟層面。「帶領」發展出一種企業文化，「管理」發展的是策略。領導者首先要具備社交能力，對經理人來說最重要的是技能。毋庸贅言，與多層面的軟技能相比，在計劃過程中體現的方法、能力更容易掌握。但是我們也看到了：人們需要幾年時間進行一項專業培訓，而一個週末研修班就能完成領導培訓！?所以很多老闆本身是好心，但並沒有做好。領導員工的才能必須經過學習和鍛煉才能運用自如。

> 領導者首先要具備社交能力，對經理人來說最重要的是方法能力。

一旦優秀的專業人才被提拔到管理階層，人們就會說：「只有一點領導工作，您就順便做吧。」然而領導並不僅體現在專業領域，也表現在關係維護上。的確，過去的老闆只需要公佈結果、發佈命令、負責監管，他們確實不需要對領導工作有那麼深入的理解。模擬時代的老闆依靠自己「全知」的光環。他們憑藉自己的職位可以獨立發表見解，決定哪些行為、過程和程序可以實現目標。評價領導好壞的標準就是員工認真執行上層命令的速度。合理化的建議會被視作對自己領域的攻擊，他們會堅決地予以還擊。由玻璃宮殿鑄就的權威比任何健康的人類理智都重要。冷漠、順應和嚴重的管理失誤就是這種順從文化的結果。然而時代發生了變化，現在的領導者首先要扮演好協調員、主持人、催化劑和實現手段的角色。這一切都要求更多的人性因素。各種合作者在公司中以不同的工作模式進行協作，社群能力就成了最重要的管理技能。投入感情的個性化交談就是最重要的領導任務。

但是非常遺憾，領導者常常把與員工交談當作對計劃進行管理，而不是像聊天一樣真正地交談。怎麼會這樣？有一次，我問了一些問題：想像你在和老朋友聊天，比如說談論德甲聯賽的結果，你會列出談話清單嗎？會在談完的內容後面畫個鉤嗎？會按照談話的主線堅持到底嗎？當然不會！因為良好的交談就像一段和諧的舞蹈，由相互提問、傾聽、設身處地、尊重和回答組成，領導者必須與他的舞伴交流。而談話的對象也必須想要跳舞，這樣整體舞蹈才能和諧流暢。跳舞時當然有一些規定動作，但只有在自選動作中才能得到真正的享受，而且兩個人只有在自選動作中才能展現出最美的一面。

而工作範疇的談話會將一切可能發生的情況都列出清單，用工業化的形式制定出草案。這種完全結構化的主管談話就演變成了一場審訊。領導力培訓師克勞斯·馮·庫茨申巴赫認為，男性占主導地位的工作需要規則和明確的結果。他將其稱為「說明書上癮症」。他解釋道，如果男人們來到一處讓他們不安的地方，他們都必須明確自己的角色，以及自己應該採取什麼態度。不安的地方是人們幾乎不瞭解的一個區域，其中隱藏著潛在的風險。風險會是暗地作梗的陰險小人，也可以是失去對局勢的掌控。

員工年度談話特別符合上面提到的情況。有些公司會事先印好二十頁的表格讓雙方在談話之前填寫，這真是小題大做！清單列表式的主管將人變成了受外部操控的生物，變成了管理的提線木偶。只要有人拉動相應的線，木偶就開始舞蹈。相反地，善於交際的領導者會走下自己的等級高位，和員工們友善地平等對話，希望向他們學習。美國電力公司杜克能源集團（Duke Energy）的首席執行長吉姆·羅傑斯（Jim Rogers）稱，他們公司會組織「傾聽會」，與會人員都要談到一些棘手的話題。Manomama

紡織企業的老闆吉娜・特林克瓦爾德補（Sina Trinkwalder）道：「我們公司的員工有參與發表意見的義務，每個人都必須說出自己的喜好。」

好吧，那些不擅長交際的領導可以藉助部份預先規定的話題測定員工的滿意度。但我們需要的是熱情！這種費盡心思製作的表格雖然可以幫助人們完成預定目標，但還是會錯過很多更有價值的內容。循規蹈矩不可能產生創造力，因此知識型員工需要的是靈活性，而不是束縛。

今天的領導功能

每一位領導者都享有思維和行動上的優先權。他們以不同的方式展開自己的管理和領導任務。然而在大部份公司都存在太多的管理，人性化領導的比例太低了。正如我們在上文的員工談話中看到的那樣，即使是最根本的領導任務也被「管理化」了。鑒於日益增強的技術化趨勢，這種領導者也成了最大的危險：到處都是技術統治論者和數字至上者的天下，人性關懷則慘遭失敗的命運。

企業上層的工作表現同時需要這兩個方面：首先是出色的領導，然後是優秀的管理。如果老闆先將員工變成自己的「粉絲」，讓他們有積極的心態面對共同的未來，他就可以保持一定的靈活性。

現在迫切需要平等對待管理層面的兩項核心技能——管理和領導。我們要給予它們同等的尊重，管理來自過去，而領導會引領我們走向未來。人的主題是一切的核心，也是另外兩個功能的基礎：

- 領導者
- 經理人

• 人

我們由此得出三個中間階段，這也告訴我們新一代領導者的發展方向（見圖九）：

• 關心客戶的領導者
• 促成者
• 催化劑

我們在本書第一部份已經瞭解了很多現在和未來對管理提出的要求。我們還會在第三部份詳細探討員工領導的廣闊層面。

中間層面的管理必須進行創新。未來需要更多的專家和更少的領導者。新的高效率員工都是以自組織的形式工作。不斷與上司進行協調只會妨礙他們的工作。我們以谷歌為例，在產品開發部門中，一個領導者負責五十名員工，他們分散於各個團隊，同時積極參與多個計劃。

毫無疑問，如果任何事情都是透明的，那麼就不需要發佈訊息，也就沒有什麼要核查的東西了。在不久的將來，人力資源管理軟體可以全自動地提

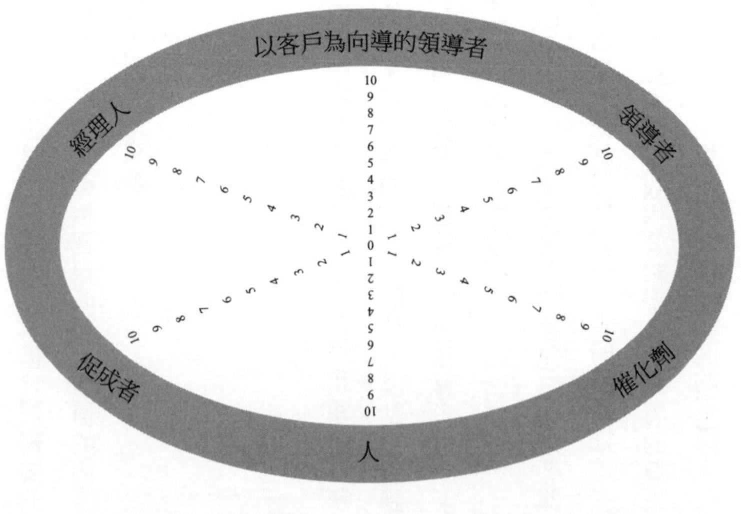

圖九　新工作環境中領導者的功能（數字列指自我和／或外部評價）

示員工在什麼時間做什麼工作。到那時，電腦程式也將完成工作效率監督的工作。所以只有電腦（還）無法勝任的工作，才需要領導者，也就是將直覺、人的理解和感情與分析結合在一起的工作。關係工作、情感能力、與大腦相適應的領導等工作的重要性日益增加。二〇一二年底，加里・哈默爾（Gary Hamel）在《商業週刊》撰文解釋道：「我們始終需要社會建築師這類人才。他們能夠鼓勵員工。」從現在開始，我們迫切需要通情達理的領導人才，以及以客戶為導向的領導者、實施者和推動者。鞏特・杜特在《專業智慧》這本書中對這種人進行了精彩的描述：「這種人希望卓有成效地工作，可以做出引以為傲的成績。他們喜歡在群體中與他人合作，並為群體做出貢獻。他們認為自己是正能量的源泉，甘願為了群體、他人和自己去冒險。他們為自己的行為承擔責任，追求結果。他們努力提高他人的專業性，盡力使他人的才能得以充分發揮。他們不斷擴展自己的視野，並且提高自己的能力。他們是普遍繁榮的世界中不斷擴張的成功中心。」

親切友善完勝「撲克臉」

我們首先認可一個人，然後才是他的東西。這條行銷智慧也可以運用到主管的日常工作中。員工最希望從老闆那裡得到的就是親切友善。尤其在團隊成員不經常見面的情況下，給員工帶來親切的、和家一樣的感覺就更加重要了。「在遠距離領導的情況下，主人的角色就不可避免地落在領導者的頭上，因為在員工來到公司碰面、提交工作、協調計劃過程或者瞭解情況的時候，領導者不僅有機會親自給他們反饋訊息，進行深入談話，更重要的是可以利用這個機會加深群體觀念，增強他們對團隊和老闆的忠誠度。」管理顧問馬倫・雷基在《領導力2.0》（*Leadership2.0*）這本書中這樣寫道。

是的，好客的主人會熱情地關心他的客人，所以客人們還願意再次光顧。企業內部的現實狀況如何？經理們面無表情，都想要表現得非常酷。這很讓人吃驚，彷彿感情就是商業世界中的阿基里斯之踵（Achilles' heel）。尤其是在會談中，老闆們都喜歡擺出一副冷漠的「撲克臉」。「撲克臉」在打牌時非常重要，但卻是糟糕的企業文化之罪魁禍首。與員工溝通時，冷漠的面孔是致命的。員工想要而且必須瞭解站在面前的老闆，因為自己的命運就掌握在面前的這個人手裡。

「撲克臉」經理會攫取人們的能量。他們像吸血鬼一樣吸走周圍所有人的能量，把人們弄得疲憊不堪。所以「撲克臉」企業的一切都毫無生機。冷漠使人們無法接近、難以捉摸。在這種情況下，懷疑很快就會乘虛而入。缺乏情感訊息的空間很快就會出現胡亂猜忌。有些人很擅長從毫無意義的小事想像出最糟糕的結果：「他沒有對我的工作發表意見，他肯定覺得我的工作不好，但又想要保護我，因為他可能認為我過份敏感。或者他想要擺脫我，所以才與我保持距離。」你最好讓自己的員工擺脫這種沉重的負擔。在工作中表現情感就是不專業的表現？事實正相反！表現感情就像架起指示燈，讓每個人都知道前進的方向。

> 缺乏情感資訊的空間很快就會出現胡亂猜忌。

在難以實現的監控面具背後隱藏著自我懷疑與受傷和孤獨的深淵。為了避免這種情況繼續惡化，我們當然要談一談這些話題。但這並不屬於員工範圍，就這一點來說談話內容也是有限度的。談話時肯定不能和員工說自己的私事，或者將企業內部的保密內容告訴員工。暴躁絕不是解決問題的正確方法，因為這首先會傷害到情緒暴躁的人本身。相反，你要平靜地讓人覺察出你的失望。你可以這麼說：「很遺憾這麼認為。」或者「我在這件事情上很失望。」但千萬不能說：「你讓我很失望。」最後一種說法很傷人，效果也不好。

表達感情容易讓我們受傷害，但也讓我們獲得自由。只有我們有意識地處理自己的感情才能體驗真實，而真實又是獨立與魅力的前提條件。有勇氣表達自己感情的人也一定能鼓勵並說服其他人，因為他們喚醒了他人的好感。如果我們喜歡某個人，就一定願意親近這個人。企圖用冰冷的數字和赤裸的數據來迷惑他人，這種做法不僅非常困難，而且幾乎是不可能的。

那麼請走出冷漠的感情黑箱子，展現自己的情感。如果人們能夠放棄一些自我，就會更容易地走近他人。我們喜歡對自己表示好感的人。還要善於與他人分享自己喜悅和自豪的美好時刻，因為感受到任何一種無害的人際情感共鳴都會刺激我們內在的激勵系統。

情感訓練小單元

如今，只有傻瓜還相信表現情感是不專業的表現。這種看法源於工業時代，那時人們用REFA（帝國勞動時間考察委員會）時間測量法來評估工業生產流程，禁止人們在廠房中交談。那時人們只看到工作時間聊天（可能會）浪費的時間，卻沒有看到聊天給人們帶來的愉悅。神經學早就藉助大腦掃瞄圖得出結論：人們在做所有決定時都會投入感情，這甚至是激勵因素。如果沒有感情，人們就不可能做出理性行為。一切所學的知識也都帶有感情印記，積極的印記告訴我們繼續前進的方向，消極的印記則提示我們應該如何改善。情感在大腦中永遠都享有優先權，而消極情感更佔優勢，因為消極情感會轉化為直接風險，這會危害我們的身體和生命。另一方面，積極情感很容易在人與人之間傳遞。這是生物遺傳的結果。

遺憾的是很多經理人只能模糊地感知自己的感覺，或者無法瞭解其他人的感覺。經常有人問我如何訓練自己走入他人的情感世界。這個過程需要分為兩個階段：首先是觀察自己，然後是觀察他人。因為只有清楚認識自己的人才能看清楚他人。你可以這樣做：

如果你產生了一種模糊的感覺，那麼：

- 保留這種感覺並確定感覺的範圍
- （大聲地）給這種感覺起個名字
- 給這種感覺的強度分級，例如從一到十
- 觀察這種感覺對你面部表情的影響
- 觀察這種感覺對你身體姿態的影響
- 嘗試改變這種感覺
- 尊重嘗試的結果
- 誠實面對一切

如果你對其他人產生了一種感覺，那麼：

- 認真觀察，並在內心探求這種感受
- （小聲地）給這種感覺起個名字
- 給這種感覺的強度分級，例如從一到十

- 觀察這種感覺對你的對象面部表情的影響
- 觀察這種感覺對你的對象身體姿態的影響
- 尋找一個恰當的行為去改變這種感覺
- 尊重嘗試的結果
- 對一切保持清醒的認識：你只是進行思考

我剛剛聽說麻省理工學院研發了一款名為MACH的虛擬演練系統。如果你通過這樣的練習增強了自己的敏感度，我們就可以進入下一步，即以適當的方式對待自己的感覺。

你不能再說這樣的話了：

- 「你現在不那麼容易激動了！」
- 「你現在不會馬上就變得歇斯底里！」
- 「你不要這麼惱火！」

不要針對感覺，因為感覺就是客觀存在。所以下面的表達方式更恰當：

- 「我看到這個題目對您觸動很大。」
- 「我很高興您對這件事這麼投入。」
- 「我們都很關心這件事。」

如果人們在團隊中不表達自己的觀點，可能出現的衝突就會迅速地轉移到事件層面，結果就是毫無結果地浪費時間和精力。如果領導者能夠展現自己的感情和親切，那麼他的員工也會效仿。人們就可以在理智與情感上接近他們的員工。

價值創造：以客戶為導向

一個組織的核心領導者承載著這個企業的文化。在觸點企業中，與客戶為善的態度開始於最高領導者的態度。「我們會為每個客戶的成功做出什麼貢獻？」CAS軟體公司的首席執行長馬丁・胡博施耐德提出了以客戶為導向的核心問題。

以客戶為導向，意味著將公司的所有資源都集中到關係公司生死存亡的事情上：忠誠的客戶和積極的推薦人。這要求：

- 在公司領導階層中推行以客戶為導向的理念
- 設立以客戶為導向的外部條件
- 員工要有以客戶為導向的態度
- 員工要有以客戶為導向的行為

以客戶為導向的員工領導方式的定義是：領導者的任務是創造條件，使員工盡最大努力為客戶服務，並且讓員工心甘情願地工作。

以客戶為導向的領導者面對的核心問題：

- 我真的關心客戶的利益嗎？
- 我會定期在談話中積極地評價客戶嗎？
- 我如何評論客戶對公司的意義？
- 我會定期請員工提出以客戶為導向的建議嗎？

• 我會明確地做出以客戶為導向的榜樣嗎？

以客戶為導向還意味著：不要想當然地認為自己瞭解客戶的需求和利益，而是每天都要在整個公司內部搜集客戶的反饋訊息。

Despar連鎖超市的董事保羅・克勞茨寫道：「在義大利北部，我們的大型超市與義大利市場上的傳統小商販進行競爭，他們一直把商品擺在攤位上，也就是說他們始終可以聽到客戶的聲音。所以我也親自在收銀台工作，我在那裡聽到了顧客在排隊時的對話，瞭解到他們對我們超市的看法，以及我們應該如何改進。沒有比這更好的市場調查了。」

• 客戶今天問了什麼？
• 哪些下意識的行為惹惱了我們的客戶？
• 哪些小事情會讓我們的客戶很開心？

這些問題應該成為領導者交流中的保留問題。

你還可以在電話總機、客服中心，以及所有處理投訴意見的地方找到出色的答案。現今也可以在社群網路上尋找解答。

員工能否看到客戶關係中的積極方面完全取決於他們在主管那裡的所見所聞。積極和消極的行為都會像多米諾骨牌一樣從上至下經過所有的等級，一直影響到客戶。如果領導者始終把失敗的原因歸咎於疲軟不振的市場、外部經濟形勢、需求延遲、競爭對手的詭計或者其他部門糟糕的表現，那麼員工很快就會效仿。如果員工不斷聽到關於「難纏的」客戶、牢騷和抱怨的消極故事，那麼他們自己的觀點也會受到影響。久而久之就會產生「對客戶的敵意」。

員工如何看待客戶取決於領導者的態度。

赫曼・西蒙（Hermann Simon）在《隱形冠軍》（*Hidden Champions*）一書中這樣分析，「隱形冠軍」成功的本質因素是以客戶為導向的理念，這甚至超過了技術的重要性。與大公司相比，「隱形冠軍」的員工與客戶建立固定聯繫的數量多達五倍。他們將常年的客戶聯繫視為自己最大的優勢。以客戶為本是他們企業策略的主要元素。即使是大老闆也與客戶保持聯繫，與客戶進行實地交談是他們最大的訊息源。

毫無疑問，想要以客戶為核心的領導人必須要瞭解客戶，要通過親身經歷，而不是道聽途說。與客戶的溝通應該是管理者優先完成的任務。我並不是說公司的董事長、總經理或者部門經理應該和客戶公司中對應的負責人進行聯繫，也不是指公司週年慶典上的會面。我指的是定期與產品直接使用者或者享受服務的客戶進行溝通。新媒體為我們提供了多種可能性，要多加利用！

促成者

人們無法要求員工做出優異的成績，而只能幫助他們實現。出色的工作始終由兩部份構成：能力和意願。因此促成者首先要致力於創造完美的外部條件。他們目標明確、親切友善，並且善解人意，是成功的孵化器。他們很清楚，領導者的主要目標之一就是促成合作。他們的目標就是創造可以激勵員工取得成績的外部環境，使他們可以充分施展才能。他們也知道，員工和頂尖運動員一樣，只有在最佳條件下才能創造出優異的成績。因此他們需要確定每個人的工作動機和才能，明確並清除人際以及組織中的障礙。工作職位和任務應該適應員工的能力，而不是讓員工適應工作。促成者將自己視作潛力開發者，而不是企業策略的執行者。他們將員工看做客戶，為他們提供服務。

埃爾文・施穆克是Spar貿易連鎖企業匈牙利分公司的經理，他對我說：「長時間以來，我們國家也在談論這種專制領導風格。我的任務首先是要信任員工，這會讓他們產生自信心。第二步就是促使員工從『必須』轉變為『自願』。如果我們為員工提供施展才能的空間，他們自然會產生更大的熱情。一個人的個性就是這樣形成的，而個性正是客戶非常看重的一點。有一次，我們的員工在布達佩斯的Interspar市場上表演森巴舞，這也讓我非常吃驚。客戶們非常投入地跟著跳舞，台下響起了雷鳴般的掌聲。」

很多領導者還認為他們必須瞭解一切，凡事都要親力親為，他們一定要告訴員工如何工作。人們喜歡將這樣的老闆叫做「高級辦事員」。他們的標誌就是微管理，因為他們的自我形象不允許他們放鬆手中的轠繩。他們過時的工作座右銘就是：「只有師傅自己做的事情才是穩妥的。」從語言風格上也能看出這句話的歷史。在其他人看來，「師傅」可能不善於合作。即使是最天才的想法也會受到尖銳的批評。事實上呢？事實上他們主要擔心失去權力，對內心空虛感到恐懼，或者害怕別人看出他們的弱點。所以他們會清楚地指派任務，而不是委派他人，因為實幹家都沒有耐心，他們願意自己做。

管理大師加里・哈默爾說過：「如果你限制員工的能力，那麼你也降低了鼓勵員工去夢想、幻想和產生效益的可能。」他毫無掩飾地表示：「沒有比管理更沒有效率的企業功能了。」因為大量的審批過程延緩了每一次具有現實意義的反應。重要的是：「一項決定的意義越重大，對其持懷疑態度的人就越少。」我們姑且不考慮這種「專制的成本」，哈默爾說，結果是：「從高高在上的領導階層下達的決定在實際中完全不適用。」

與之相反，促成者將大部份決定權交給最有能力的人。促成者只需要知道，如果某人按照自己的專業水準出色地完成工作，會產生什麼樣的意義。他們不需要每件事情都親力親為。例如，人們在事後發現，很多（匆忙）招聘的員工並不適合，這會加劇專業人才缺乏的現狀。如果當時讓那些日後和新員工合作的人參與決定，就會產生事半功倍的效果。這可以事先確定新員工的專業吻合，此外還應該加上人際關係匹配度的評估。選擇這位新員工的人也會盡一切努力幫助其融入團隊。

讓員工參與決定，也包括聘任新員工這樣的事情。

好感與厭惡在企業人際關係中發揮著重要的作用。研究表明，與那些能力強但很難相處的人相比，人們通常更願意和能力稍弱但讓人有好感的人合作，而且合作的效果也更好。因為無法融入團隊，那些難相處的人也無法發揮他們的作用。在是敵是友的抉擇中，我們將難相處的人歸為敵人，按照這個邏輯，所有關係都變得拘束起來，我們的大腦會完全關閉。即使只是人際關係層面相匹配，也會在實際工作中產生很大的成績。

員工當然也會犯錯誤。但如果你可以集中眾人的智慧，肯定會做出更多正確的決定。Umentis AG是美麗的瑞士小城聖加倫（St. Gallen）的一家軟體公司，總經理赫爾曼・阿爾諾茨介紹說：「很長時間以來，我們公司就在員工聘任中推行了這種辦法。我們公司所有管理階層的聘任都是通過集體決定。不久前，公司所有員工選舉出下一任總經理作為我的繼任者。」這並不是個別現象。目前，資訊科技行業的企業文化、網路化和推動促進工作正在發生著有趣的變化。為什麼？因為這個行業不需要與工業時代殘存的企業文化進行鬥爭。

公司當然不需要將每一項決定都交給員工，但其中大部份事務應該由員工來決定。促成者很清楚：如果人們希望員工與企業共同行動，那麼首先要讓他們站在公司的角度思考問題。促成者為此創造了必要的外部條件：他們準備必要的資源，交出招聘員工所必需的決定權，同時也交出結果所承載的責任。他們知道，出色的成績只能形成於可能性的空間。創造性需要寬鬆的空間。壓力之下最多只能產生平庸的辦法，相反，愉快的氛圍則會鼓舞創造性的思維過程。直覺和創造性思維會讓我們鼓起勇氣走進全新的領域。

安可・席勒就是一個敢於踏足新領域的促成者，她是Direct Line保險公司的客服中心經理。「我們認識到，我們客服中心的所有參數都沒有切合客戶的需求。」所以她放棄了這些方式。她說：「親愛的同事們，我們只有一個目標，那就是留住客戶。」她將其他事情都交給員工去做。她對自己的團隊說：「你們必須互相溝通，然後自己組織。」她繼續解釋道，在兩年時間內，客戶聯繫增加了百分之十，現在已經超過了百分之九十。

促成者讓員工們去做可行的事情。即使開始階段的工作耗費一些時間，但考慮到整體的結果也是值得的：員工們體驗了身為組織中受尊敬的成員的感受，認識到自己工作的意義。他們受到鼓勵，認真負責地工作，熱情和忠誠度都有很大的提升。他們想出很多可行的辦法，最終會產生更好的結果。如果員工積極參與公司的戰略計劃，並且可以享受到成功帶來的好處，他們就會盡一切努力讓「自己的孩子」

成長並成才。只有這一種方式可以促進網路原住民的工作。

催化劑

催化劑是領導階層中的先知，是靈魂人物、出色的聯繫人和有創造性的革新者，是人們喜歡的藝術家和朋友。他們熱情洋溢，以自己的熱情感染他人，激發他人的熱情。他們總是輕而易舉就可以激發他人的創意，就像化學實驗室中的催化劑，加速實驗過程，並且可以全身而退。他們不會自己站到台前，而是盡力讓員工得到關心。他們將自信、靈活和變革的意願帶入過去那種僵化的體制之中。

催化劑以鼓勵的方式進行領導，他們規定框架條件，對工作過程加以引領並給出建議，但並不會提出嚴格的指令和壓力，也不會催促人們工作。個人或者團隊仍然承擔責任並接受監督。我們經常會聽到這樣的話：「我信任在座的每個人，大家只訂購真正需要的物品，所以訂購不需要我簽字。」即使在經濟不景氣的時候他們也會呼籲大家：「我們不想規定大家如何節約，但各位都知道在預算吃緊的時候應該怎麼生活。」然後他們會邀請員工們集思廣益。數據與軟體製造商易安信公司（EMC）就曾經召集上千名員工參加類似的活動，員工們指出了一些不經濟的做法，其中大部份都是經理們從未聽說過的。

馬爾庫斯・馬克西米利安・霍恩施坦納是薩爾茨堡Spar總部的業務流程經理，他解釋說：「去年我們將新品牌Spar Enjoy打造成為奧地利食品行業中最大的外帶食品自有品牌。這裡的『打造』有著全新的意義：我們全新研發了所有客戶看得到的變化，以及所有有關結構、物流、銷售和品質的流程，並將其投入生產。計劃開始之後，對於我這個負責人來說最重要的是以自己的熱情和積極性使這個計劃持續運轉下去。只有參與者互相尊重，每個人都獲得相應的活動空間才能實現這一目標。如果計劃全面實施，並確定了所有的突擊方向，那麼我可以隨時撤出計劃，並不會影響這個計劃的進展。」

催化劑確定比賽的場地，員工們就可以在這個範圍內踢球。場地不能太大，但也不能太小，這取決於任務和員工的類型。他們確定一個方向，提出要求並設法使計劃順利進展。他不斷地提供幫助，但只在緊急情況下才會進行干預。改正錯誤的文化後運作正常，並且定期得到反饋意見，那麼計劃和決議就可以順利進行下去。人們可以就以下幾點進行討論：

- 上次事件之後我們取得了什麼成果？
- 下一步計劃是什麼？
- 特別成功的事情是什麼？
- 出現了哪些困難？
- 下次如何改善？

所有人的溝通都非常順暢、坦誠而且充滿信任。在過去的領導方式中，計劃不斷陷入停頓，因為人們必須等待上層的指示，而現在則可以快速靈活地採取行動。整體團隊可以靈活機動地專注於市場的瞬息萬變，以及客戶的不同願望。這裡包括三個必不可少的重要內容：自負責任、友好協商和信任。

催化劑就是以這種方式支持員工的自組織。他們不會讓員工感到焦慮，也不會輕視他們，他們使員工更加強大，可以把自己的全部力量都奉獻給公司。他們的團隊高效運作。他們知道，要達到這種程度不能僅憑知識和能力，還需要人文關懷和親切友善。堅持不懈是他們的重要原則，雄心壯志也是必不可少的內容，而且還要讓其他人與他們共同成長。

希望有所成就的人要與朋友為伴，而不是與敵人同行。如果你希望員工與客戶好好相處，那麼就必須善待自己的員工。這一切與「懦夫領導」和溫柔策略毫無關係。恰恰相反，只有在有創造力的自由空間中才能產生出色的成績，因為創造力這一未來的核心資源需要大腦的放鬆和愉悅。愛與歡笑可以驅散恐懼，憂心忡忡則會讓員工形成難以相處的性格，他們最多只能取得一般水準的成績。

強有力的威懾型領導者，甚至是肆無忌憚的老闆更適合過去的商業世界。即使是在今天，他們的行為也還會獲得短期的（表面）成功。但是為了確保在未來的新世界長期獲得最佳成績，我們首先需要關係建築師。能夠預見未來的催化劑是企業成功的驅動器，而只關注員工表現的數字型領導則會扼殺成功。為什麼？因為他們給員工施加壓力，規定極其詳盡的工作流程，他們將結果與目標進行細緻的對比，不能容忍錯誤的產生。催化劑則創造一種健康的工作環境，促進自己團隊中的自組織。他們讚賞員工的成績，寄希望於公平、溝通和創新。

為了長期保持最佳成績，我們首先需要關係建築師，而不是關注員工表現的數字型領導。

催化劑擁有極高的情商，他們雖然也會堅定不移地採取強有力的措施，但也會根據自己的社交能力對形勢做出更好的估計，什麼時候需要採取何種形式。他們不僅代表公司的利益，也擁有良好的人際關係。他們致力於建立關係網，也相應地實現了網絡聯繫。他們使員工各盡所能，形成一支高效團隊。那麼高效團隊是如何產生的呢？

高效團隊使用積極的言語進行溝通，而低效團隊則充斥著厭惡、批判和諷刺。此外，高效團隊傾向於接受外部有價值的意見和新想法，他們也能夠聽從別人的建議和想法，使團隊不斷發展進步，而低效團隊則抵制外部想法，認為自己的觀點是不可超越的頂點。智利心理學家馬西亞爾・弗朗西斯科・洛薩達以高效團隊為研究對象，得出了以上結論。

催化劑擁有明顯的機會視角。他們喜歡未來、一切生動活潑的事物、不斷數位化的世界，以及新的觀點。他們以開放的態度面對有趣的建議，而且敢於進行新的嘗試。大有希望的倡議也會獲得他們的讚許。社會學家理查德・佛羅里達的研究表明，創造性人才首先會被吸引到擁有三個T的地方——技術（technologie）、才能（talente）、寬容（toleranz）。這就是催化劑的世界。他們創造了一個人才聚集的地方。比如說，這些人才會在谷歌工作。谷歌的創始人謝爾蓋・布林（Sergey Brin）和拉里・佩奇（Larry Page）曾說過：「我們可以讓這些人改變世界。」

催化劑有著出色的行銷才能和卓越的客戶關係。他們崇尚熱情，也散發著熱情。他們對工作的熱情感染著周圍的員工。與權力相比，他們更熱愛人。這樣魅力四射的領導者不僅可以激勵員工，讓員工們自願地工作，也能夠體會他人的感受，有著高超的交際手段。人們對他們很有好感，有時甚至是欽佩，也會樂意原諒這樣的老闆的一點失誤。在一家觸點公司中，人的重要性超過了催化劑本身。

Part 3

商業新世界的領導工具：協作觸點管理

15 協作觸點管理

企業只有為自己贏得頂尖人才的聰明才能和創造力，才能在未來世界中繼續生存。市場是無情的，客戶也不懂得憐憫，所以在任何一個觸點都必須交出讓人滿意的答案卷。即使只有一個環節出現阻滯，或者只有一個員工犯了錯誤，在今天都可能意味著出局。未來的企業再也不能花費巨資去支持幾個高、精、尖人才。無論是長期員工，還是短期僱用者，無論是內部員工，還是參加專案計劃的外部員工，所有的員工都必須有能力和意願做出自己的最佳成績。企業如何做到這一點？通過協作觸點管理過程。

協作觸點管理：一個組織內部領導者與員工之間所有接觸點的協作。

協作觸點管理也可以稱為員工觸點管理，我將其理解為一個組織內部領導者與員工之間所有接觸點的協作。這一過程共分為四個步驟，其目的是提高溝通品質，構建激勵性的工作條件，在尊重的氛圍內為高效工作創造可能性。人們應該利用每一次相互作用的機會提高員工的工作成績，增強員工與企業之間的情感聯繫，促使他們對內對外進行有效的口語宣傳。

在每一個觸點都可能出現增強或者消耗員工關係的事件，都可能提升或者損害員工的積極性。每一個事件都可能起決定性作用。因此我們需要探討不同的員工類型，以及由此產生的不同行為方式，這樣就可以瞭解他們每個人的工作目的，使每個人都能更好地施展自己的才華。所以人們應該確定並清除企業裡人際、組織結構中阻礙積極性發揮的障礙，員工就可以充分發揮自己的聰明才智。這些細節的積累最終決定一個員工是「不得不」留下來，還是「心甘情願」地工作，決定他會產生普通價值，還是會創造出色的成績，也決定了他是留還是走。

協作觸點管理關心一個員工穿越企業的「旅程」，並以此為出發點考慮問題。觸點管理在這裡會考慮現實對新的工作環境的要求。觸點管理將日益增長的複雜性納入整體體系加以考慮。領導團隊實現了跨部門的協作，並且考慮到不斷出現的變化。所有員工都以客戶的利益為己任。因此，深入持久地對每一個觸點進行研究不僅會提升員工的表現，也會發掘出他們的潛能。在內部可以實現資源優化，節約時間和成本；對外將增強企業的品牌效應，提升客戶的忠誠度，通過宣傳贏得更多的客戶，持續地獲得收益。

在內部觸點管理中，必要的措施傳達到目標群體比自上而下傳達方式更快捷，這是觸點管理與傳統管理方式的根本區別。人們更多地與組織成員和合作夥伴共同開展工作，所以員工就成了積極的管理顧問。公司可以節省昂貴的顧問費，因為大部份知識就隱藏在企業內部，人們只需要將其發掘出來。

因此我們在下面的解釋中優先考慮低層級的方法和協作過程。

協作觸點管理過程共分為四個步驟，每個步驟包括兩個階段：

1. **分析現狀**

a. 確定對員工關係重大的觸點

b. 站在員工角度記錄實際狀況

2. **設定目標**

a. 站在員工角度定義最佳期望結果

b. 找到合適的進行方式

3. **操作實施**

a. 籌劃實現期望結果的重要措施

b. 推行適合的措施

4. **監管監控**

a. 估計結果

b. 繼續優化過程

我們可以藉助圖十解釋這一過程：

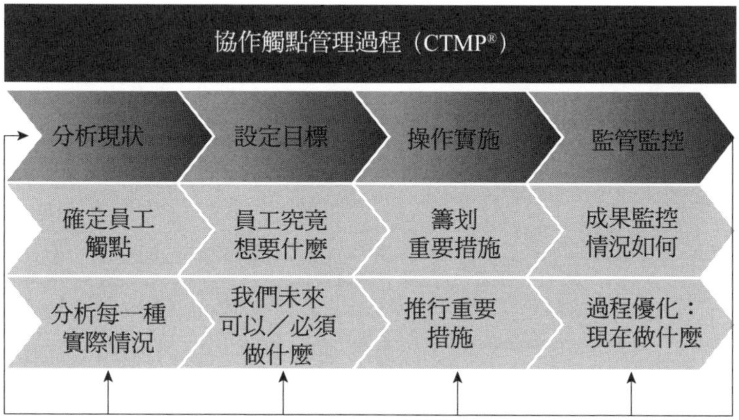

圖十　協作觸點管理過程的四個步驟

第一步首先整理觸點，其中包括應徵者與企業之間，以及員工在合作中與領導者之間已有的或者可能建立的所有觸點。如果列出了所有的觸點，我們就可以將已發生的事實按照失望、可以接受和激勵歸類。這裡涉及一個員工曾經經歷過或者可能經歷的積極和消極事件。員工通過適當的提問，積極參與事件分析。

在第二步中，人們為力求實現的結果下定義，在希望實現優化的接觸點為目標員工群體探究合適的行為方式。這裡既關係企業文化的基礎，也涉及具體的行為，也就是人們希望看到什麼，而什麼事情最好不要出現。

第三步涉及措施的計劃和實施，這些措施可以引導人們將實際結果變為希望得到的結果。很多措施需要由領導者自己掌握，某些措施可以交給觸點經理人去做，還有一些措施可以讓員工共同構思，比如說通過集體活動。由此可以形成一種「我們的孩子」的效果。管得越少就會得到越多。人們可以選出一個所有人都很關注的主題，或者從一個不太重要的觸點開始，也可以選擇一個「速贏」主題作為開始，也就是可以產生立竿見影的措施。

第四步是結果監控和領導工作優化。觸點管理措施應該對與員工相關的核心數據產生長遠的積極影響，例如員工的平均在職時間、員工離職率、病假天數、推薦的意願和員工產能。

這四個步驟可以作為一個整體加以運用，也可以在需要優化的單個觸點上實施。下面我們詳細解釋每個步驟。

16 第一步：分析現狀

在這一步中首先要對所有觸點進行跨部門的全面整理，然後記錄實際情況。需要觀察以下內容：

- 一個員工與組織及工作職位外部條件之間的觸點；
- 與同事尤其是主管之間產生的相互影響。

整理觸點之後會出現重要變化，人們會以員工的角度看待一切事情，並且付出自己的全部情感。所謂的超級觸點就會根據員工的情況而形成。在這些觸點之間會出現特別集中的交流。這些觸點將深入人們的意識，產生持續的影響，在評價中起到關鍵作用。我們應該非常謹慎地處理這些觸點，因為這會對員工的表現、忠誠度和推薦意願產生很大影響。

釐清內部觸點

在分析過程中需要整理出一個（潛在的）員工與公司、在合作過程中與主管之間的所有觸點，以及可能出現的觸點清單。這裡也可以將分析集中到個別的員工小組或者領導層級。下面是傳統的劃分方式：

- 來＝合作開始前的觸點
- 留＝合作過程中的觸點
- 走＝合作結束後的觸點

我們可以用圖表的形式表現這一順序（見圖十一），理想的方式是將其看作員工穿越公司的旅程，即協作者觸點旅程（collaborator touchpoint journey）。和旅行一樣，觸點旅程也有很多停靠點，人們可以在那裡體驗很多事情。每一次旅行都可以分為不同的階段。我們可以將其比喻為一次一日郊遊，也就是員工生活中典型的一天。

藉由這種方式我們可以確定單個觸點之間可能存在的相互影響，並發現觸點之間的協同作用。如果人們按照邏輯順序安排觸點，那麼其中的相互作用就會得到優化，同時也會構建一種友好的工作氛圍。

員工「旅程」的五個階段

我們現在必須對傳統的「來─留─走」三分法加以擴展，因為就像我們開始講過的一樣，應徵者首先會關注網路上的訊息。經

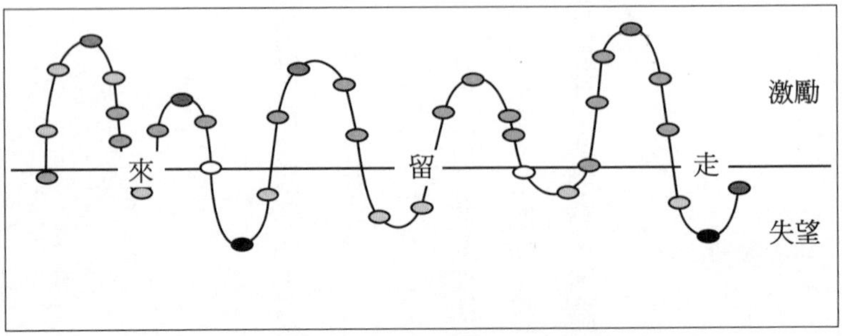

圖十一　一個員工穿越公司的「旅行」

常出現的情況是應徵者還沒有與公司建立直接聯繫就會結束這段旅程。而員工及他們提供的訊息在這裡起著決定性作用。每一段工作關係的開始與結束愈來愈多地受到觸點的影響。這些觸點可以讓任何一次組織得當的招聘計劃獲得空前的成功，也可以使其一敗塗地。除此之外，這也有其他好處，因為高度的透明化可以提供更好的匹配度，最終實現雙贏。排名墊底的企業則因為缺乏有能力的員工而出局。

這裡有五種類型的觸點，或者說人們必須考慮到的五個階段：

- 影響觸點：查詢訊息的階段
- 招聘觸點：做決定的階段
- 忠誠性觸點：合作的階段
- 離開觸點：解約的階段
- 影響觸點：影響他人的階段

客戶一方也適用於這種階段劃分方式。品牌產品行業出現了一種有趣的劃分方式，即支付觸點、佔有觸點和獲得觸點。這裡是指一家企業為自己購買的觸點（廣告等）、企業擁有的觸點（網頁等），以及企業通過建立良好的客戶聯繫而獲得的觸點（評價等）。人們的關注點也從支付觸點轉移到了獲得觸點。

增加觸點數量——以招聘為例

最近幾年員工觸點的數量飛速增長，這也得益於不斷增強的數位化。這裡以招聘為例進行解釋。策略性招聘一方面是指長期招聘；另一方面是指分派適合的、有能力、有熱情的人短期填補空缺職位。

在傳統時代，找尋合適應徵者的工作所需要的觸點不超過六個，而且這些觸點實際上都由公司掌握。如果公司沒有找到足夠的應徵者，就會繼續發佈人才招募廣告。應徵者以申請者的身份出現，不問公司實際情況就簽下合約。他們經常會被公司蒙蔽，實習期過後，公司當時的許諾就會破滅。對公司感興趣的人只有經由自己的私人關係才能事先獲取這家公司的內幕訊息。

> 在員工招聘時，權力從賣方轉移到了買方。

現在的企業需要採取完全不同的行為方式，尤其是在招聘頂尖人才、有潛力的人和急需的專業人才時，因為這些人有很多選擇餘地。他們只有在網路上認真考察一家公司之後才會去應徵。因此，權力就從賣方轉移到了買方。　子現在也手握獵槍。由此產生了大量的直接招聘觸點：

- 公司的人力資源網頁
- 不同的求職網站
- 公司的部落格
- 臉書的網頁
- 在Xing和LinkedIn建立的招聘網頁
- 在推特、Google+、Foursquare和Pinterest & Co.上開展的活動
- 招聘論壇和職業群組中的活動
- You，Audio-Podcasts，Fotostrecken上的視頻

- 在Kununu以及其他評價網站上的主頁
- 行動招聘、二維碼、App
- 在企業和學校舉辦的人才招募活動
- 參加的招聘會、網路招聘會和行業聚會
- 專案計劃交易所、職介網站和職介俱樂部
- 員工和僱主品牌宣傳冊
- 傳統的人才招募廣告、宣傳海報、廣播和電影院的宣傳

此外還有很多其他的附加觸點：

- 人事諮詢員、職業介紹部門、執行搜索員
- 以數據為基礎的聲譽構建工作
- 員工推薦計劃
- 積極的應徵者儲備
- 人才儲備、人才雲、人才關係管理
- 積極的尋找工作（在網路中積極尋找應徵者）
- 核查推薦信以及線上訊息
- 簡歷式線上問卷、簡歷數據庫
- 面試、電話面試、視頻面試
- 能力測試、性格測試、判斷工具

- 計劃遊戲、評估中心、職業角色分配、招聘遊戲
- 體驗日、實習工作、工作體驗
- 實習協議、學生兼職協議、培訓人員計劃
- 前任計劃、校友俱樂部
- 指導大學和碩士論文
- 媒體報導、部落格中的編輯文章和專業文章
- 僱主證明信
- 僱主排名和人力資源獎項

現在很多企業都會認真統計觸點數量，僅招聘活動一項就已經出現五十多個觸點。在大多數情況下，最終在招聘活動中發揮決定性作用的是多個觸點的結合。就這一點來說，現在已經不能採取一對一的衡量標準，因為人們無法確定哪一個觸點最終起決定性作用。藉助下面這個問題可以判斷最有可能確定起決定性作用的觸點：「您最初是透過什麼途徑開始關注我們公司的？」

開展創意招聘

外部分析顯示：現在的招聘人員真的需要想出一些新點子。和五十年前一樣的人才招募廣告、老一套的文章、空洞無物的官話、人力資源手冊的圖片，這些過時的手段已經吸引不到任何人了。我們需要通過藝術的形式來推銷空缺職位，像對待客戶一樣對待應徵者，同時還必須對傳統的工作流程提出質疑，顛覆內部的過程，讓應徵者真正感覺到自己受到了關心。請不要害怕接觸！人們可以從銷售人員那

裡學到很多東西。蘇黎世公共交通公司的人力資源經理約克・布克曼對我說：「如果銷售人員沒有完成規定的工作量，那麼他們很快就會被炒魷魚，但如果人事部門沒有完成招聘計劃，那麼所有的一切都有責任：就業市場、統計數據、地理位置、公司形象。」

布克曼有時也沒辦法找到足夠的應徵者，所以他就大膽地開展了一系列創意招聘活動。例如蘇黎世公共交通公司會這樣公佈招聘的空缺職位訊息：「馬爾庫斯・阿姆萊因應徵做您的新老闆。」或者：「公交公司經理漢斯約克・弗伊勒應徵做您的新老闆。」現在已經有近百名公司負責人藉招聘視頻出鏡，向未來的員工做自我介紹。這種讓人吃驚的方式非常真實，可以讓人們對每一個工作職位有一個全面的瞭解。人們如果覺得不合適就不會去應徵，沒有人會盲目地應徵。約克・布克曼通過人才招募海報找到了駕駛有軌電車的女司機，人才招募海報是這樣寫的：「蘇黎世公共交通公司為我們的有軌電車駕駛室招聘靈巧的女招待和聰明的麵包師傅。」女性員工的比例由此前的百分之十九增加到了百分之四十，提高了一倍。乘客也懂得尊重這些女司機。總體來看，這種招聘方式的成本低於傳統的人才招募廣告。媒體也詳細報導了這兩次活動。

總體來說，一切經線上形式進行的「E招聘」，在人力資源部門發揮著愈來愈重要的作用。很多公司都已經轉而開始採用這種積極主動的招聘方式。它們一方面搜集有意者的訊息，這些人通常都瀏覽過公司招聘網頁和社群媒體網站上的公司頁面；另一方面也核查有意者在網路中的訊息，以便在有需要的時候直接與他們聯繫（積極招聘）。這一原則就是「以積極檢索代替發佈訊息」。來自Gild招聘軟體公司的布拉德・沃加在接受W&V（德國廣告業影響力最大的雜誌）採訪時說：「我們並不是像圖書管理員一樣檢索，我們在未來要培養與應徵者之間的關係，就像銷售人員培養客戶關係一樣。」

（虛假的）應徵簡歷的作用已經無關緊要了，重要的是人們經由谷歌得到的訊息。較大的人力資源公司會動用整個部門的人力核查應徵者的網上形象。就像拼圖一樣，數位片段可以還原一個真實的應徵者形象。這個形象不同於所有的應徵簡歷和毫無說服力的工作證明，是人們很快就會在日常工作中看到的形象。某些應徵者的機會因此會降到最低點，因為他們的網路形象非常差，招聘者認為他們並不適合這份工作。人際溝通專家克勞斯・埃克（Klaus Eck）在《透明與可信》（*Transparent und Glaubwurdig*）一書中寫道：「任何人都很難在網路上進行長達數年的偽裝。」

分析單個觸點

在分析現狀的第二部份我們將解釋員工在一個觸點的工作和情感經歷。一家企業永遠地毀掉與員工之間的關係有多種可能，同樣也有多種可能將員工變為自己終生的支持者。

分析過程分為三個層面：

- 對大眾反饋的分析
- 領導者的自我分析
- 藉助員工進行分析

大眾的感受發揮著愈來愈重要的作用，所以我們也從這一點開始分析。

分析大眾反饋

如果人們願意，他們幾乎可以知道公司內部發生的所有事情。最好的方式就是關注wiwi-treff.de以及那些類似網站的線上社群，查看人們的留言。他們會提出這樣的問題：

- 誰知道××公司會在面試中進行什麼樣的招聘測試？
- ××公司有評估中心嗎？流程是什麼？
- 你們公司實習生的薪資是多少？
- 銷售新手的起薪是多少？
- ××公司的培訓人員也有員工津貼嗎？
- 誰能告訴我××公司的工作時間是如何安排的？
- 你們公司餐廳的菜色怎麼樣？
- 你們公司的主管怎麼和員工打交道？
- 你們在工作入門時有什麼經驗？

不管公司願不願意，總會有一個應徵者、員工或者前任員工會給出合適的答案。至少對於那些較大的組織來說，回答的數量就已經很有代表性了。這些訊息都是公開的，任何感興趣的人都可以檢索閱讀，所以任何一種僱用關係的最小細節都是透明的。應徵者可以事先充分準備，以最佳的狀態應對面試。他們可以及時地迴避主管的刁難。每個人都可以提前瞭解不同職位的薪資水準。

公司負責人也會瀏覽這些網路對話，他們可以從中瞭解哪些訊息受到關注，人們對什麼特別感興趣，公司在哪些方面有優勢，公司應該關注哪些薄弱環節。網路論壇的討論和前面提到的僱主評價網站的評論會給人們提供更充分的訊息。失望的員工在辦公室秘密拍攝視頻、公開弊端和錯誤的行為，YouTube上就有很多這樣的視頻。

追蹤網上流言

網路監控就是對網路中僱主品牌的意見形成進行觀察和評價。這是有史以來最好的即時市場調查方式：清楚明瞭、不加篩選、不加掩飾。然而，除了那些積極真實、不那麼順耳、有時讓人難以接受的評論之外，還有一些惡意的評論：誹謗、中傷、商業誹謗。企業應該採取法律手段對這些陰謀詭計予以回擊，它們也必須這麼做。人們只有掌握事件的來龍去脈，才能有針對性地採取措施。所以定期分析人們在網路上發表的對公司的看法是一項責任。這就像閱讀商務信件和檢查重要數據一樣，應該成為日常工作。為了做到這一點，人力資源部門和社群媒體經理人最好緊密合作。

> 網路監控：定期分析人們在網路上發表的對你公司的看法是一項責任。

首先要進行數據整理。你需要列出一個相關論壇的清單，然後記下想要觀察的概念，其中應該包括公司的名稱、公司經理的名字以及重要的專業名詞。然後，就可以檢查網路上的評價。如果有需要，還可以用相同的方式對員工進行檢索。你可以在Google設置所謂的警報，這樣每天都可以自動獲取新增的網路流言。

你可以在網路上擷取相應的數據庫，並按照要求操作，這些都是免費的。更好的辦法是使自動傾聽，可以使用Addictomatic或者Social Mention來觀察相應的網頁。這樣就能以最少的時間花費獲得最多數量的網頁，幾乎不會錯過任何資訊。專業人士還會使用付費的社群媒體分析程式，這些程式藉助網路爬蟲進行搜索，可以過濾出重要訊息。人們可以通過這種方式獲得監控的重要數據，例如熱點分析（人們談論我們的哪些方面）、話題（談論什麼內容）、頻率（我們作為僱主被談及的次數）、語氣（用戶怎麼議論我們）。

你接下來要從內容上分析發現的所有數據。你需要認真考慮，從中可以吸取什麼教訓，單個的觸點對你有什麼幫助。接下來要給自己提出以下問題：

- 哪些觸點獲得最高評價？什麼最受歡迎？
- 什麼地方需要改進？網路上的意見有什麼幫助？
- 有什麼具體的改進措施？如何實現這些想法？
- 哪些領域的評分最差？有沒有可能引起轟動的批評？我們要如何應對？
- 如果你也觀察競爭對手：從其他人對競爭對手的評價中我們可以吸取什麼教訓？

以這些問題的結果為基礎，制定一份條理清楚的報告。你需要起草一份細緻的危機應對計劃，以便在危機升級為大規模「反對浪潮」的時候，或者媒體的關注點轉移到自己身上時從容應對。如果真正的危機來臨，留給你的反應時間不會超過一個小時。

做出適當反應

你得到了消極評價？因為網路上言論自由，這種情況司空見慣。每一次網路提示都是寶貴的禮物：你可以確定自己的方法正確，也是一次有價值的學習經驗，讓你有機會發現薄弱環節，改正錯誤，開始改革，啟動創新，避免員工外流。如果一個員工對某事有意見，其他人也可能對此不滿。絕不僅僅是愛發牢騷的人才會發表消極評價。建設性的批評者的真正意圖是解釋糟糕的狀況是如何形成的，以及未來需要採取什麼措施才能避免這種情況繼續發生。因此，你應該將網路上的批判性意見視作自我改善的機會。只有糟糕的僱主才會將其看成麻煩事，優秀的企業家會把這當作免費的即時企業諮詢。

在這種情況下，人們始終需要做出適當的反應。要對讚賞你的人表示感謝，同時也需要與抱怨的人取得聯繫，盡快消除他們的不滿。原則是：不要遮掩，不要隱瞞，讓事實說話。你要實事求是地禮貌對待這些始終存在的批評意見。如果找不到具體的人，還可以在可能的地方寫下適當的評論。但你需要謹慎地做出反應。不要讓事態升級，不要威脅恐嚇，不要走法律程序，當然也不要開展網路論戰。網路上針對一件事情的文章越多，搜索引擎就會給出更多的結果，這個問題就會傳播得更廣泛。你可以發佈一些積極的消息，它們可以取代那些消極的頭條新聞。如果運氣好，正直的支持者還會幫你解決困難。

你應該勸阻那些發表虛假言論的人，強迫人們發表評論或者公司主管在網上匿名自我表揚的行為也應該受到批判，不要拉選票。這些欺騙的小伎倆早晚會大白於天下。

還有兩點需要明確：人們可以對指名道姓的誹謗採取措施，因為這涉及名譽權。如果出現惡劣的誹謗行為，你需要與網站營運商進行協調，採取法律途徑解決，這已經是刑事犯罪了。我們將這些長期在網路上搬弄是非的人稱為閒逛的人，你可以忽略這些人，但原則是：他們絕對不能是你公司的員工。

領導者的自我分析

每一位領導者的首要任務都是按照時間順序列出一個自己與員工之間觸點的清單：從認識開始，包括整個僱用關係的過程，直至可能出現的離職。你需要分析清單上每一個觸點的實際狀況。按照以下模式進行分析：

- 什麼讓人振奮？
- 什麼很普通？
- 什麼讓人失望？

這裡需要解釋人們今後要做什麼，哪些事情可以優化，什麼事情以後最好不做，或者需要改進。下面的問題對你很有幫助：

- 哪些事情運作良好？什麼時候出現喜悅的時刻？
- 哪些環節出現了棘手的狀況？
- 員工在這個觸點有什麼期待？他們不希望看到什麼？
- 怎樣可以提高工作效率？
- 如何強化員工的工作動力？
- 哪些環節隱藏著離職的風險？

- 從員工的角度來看，急需採取哪些行動？
- 哪些環節可能危及企業的聲譽？

如果你得到積極的答案，就可以將其整理為最重要的成功標準。你很快就會發現固定的模式，可以在今後的工作中有針對性地加以複製。

這樣的分析當然也會揭露一些問題，甚至是人們早已熟知的問題。因此必然也要談到下面的問題：

- 如果（今後）仍然不採取措施會發生什麼？
- 什麼事情阻礙我／我們採取必要的行動？

只有弄清楚阻礙行動的真正原因，才能採取相應的對策。領導者通常喜歡美化自己的功績。但是在商業新世界中，詳細地闡釋薄弱環節更重要，因為每一個「不喜歡」都會被公之於眾。大量的無意識行為積累在一起，你將無法激勵任何員工，同時也會失去他們的熱情和忠誠。潛在的應徵者也會離你而去。

為了有針對性地改善工作效率低的情況，並將其看作一項挑戰，人們應該為這一過程取一個響亮的名字。領導專家海克・布魯赫（Heike Bruch）建議使用「戰勝惡龍」或者「冰上救公主」。

此外還有一個有趣的問題：「員工在與我（他的領導）聯繫之前的五分鐘和之後的五分鐘在做什麼？」在構建與員工為善的工作流程和行為方面，「五分鐘技術」會發揮重大作用。

除了自我分析之外，還有一個可以發現單個觸點的積極和消極影響的有效方法：詢問團隊成員，也就是自己的員工。

藉助員工進行分析

人們希望從員工那裡得到單個觸點的現狀與影響的訊息，這可以通過以下途徑實現：

- 隨機問卷，可以隨時開展這種活動；
- 集中提問；
- 針對員工滿意度進行週期性的問卷調查。

整體來說，員工問卷調查不應該局限於評估員工的積極性，而主要應該展現員工的優勢和弱點，並使員工積極投入企業的生產過程。因此，他們並不是軟弱地任憑擺佈，而是以企業內部顧問的身份做出自己有價值的貢獻。這樣，他們就會自然而然地對公司產生責任感和認同感，而領導團隊則會獲得更高的工作效率和更大的工作熱情。

向員工提聰明的問題

我們在這裡先告訴你一個好消息：從今天起，你可以放棄定期開展的員工滿意度調查了，因為這種方法雖然讓各方面都滿意，也號稱很有代表性，但是花費巨大。這種調查不僅需要投入巨額資金，而且對員工觸點管理毫無價值，因為這種調查著眼於過去，費時費力，而且反應遲緩。我們現在應該向前看，在未來的商業世界中輕裝上陣，迅速做出反應。我們需要積極的員工，而不僅僅是滿意的員工。在傳統的大範圍問卷調查中，提出的只是主管感興趣的問題和具有統計對比價值的問題。也許員工們認為其他問題更有探討價值，他們肯定不甘心做統計報表中的小人物。

如果滿意度調查中受訪者全都選了「優秀」，或者「不足」，這該如何解釋？如果選了「更重要」或者「不那麼重要」就揭露了真正原因了？這就像在大霧中亂撞。如果整體滿意度有所提升，或者（按照學校評分體系）從二・三下降到三・四呢？你雖然有準確的數據，但是完全不知道怎麼做才能改善現狀。最後的結果會告訴你，員工們多麼努力地實現公司的目標嗎？完全不會！

受訪員工可能是在利用自己的回答發出信號，但是事實和訊息混合在一起，解讀問卷就變成了猜謎語：員工滿意度下降了？或者他們只是想要趕走某一個主管？整個領導階層都應該為最新的策略轉變受懲罰嗎？可能有幾個人在民意測驗那天心情不好。此外，「只有員工真正地提高了自己的工作效率，或者那些失望、沮喪和不滿的員工都不參加調查，這種通過民意測驗得出的結果才能得以實現。」改革專家溫弗立德・伯爾納在一份報告中這樣寫道。

鑒於以上原因，傳統的員工意見調查並不是評估工具，充其量是反映員工意見的晴雨表。戰略性的決策就是建立在這種薄弱的基礎之上！理論派肯定會覺得吃驚：為什麼要弄得這麼複雜？為什麼選擇這種昂貴的方式？如果放棄這種固定的格式，讓員工們自由表達意見，肯定會得到很多有價值的看法。他們希望通過這樣的調查設立一個標準，和其他人比較？標竿管理純粹是為了彌補落後的狀態，對前進沒有任何幫助。代表性也同樣毫無意義。好與壞都只是不同的方法引起的。

> 傳統的員工意見調查並不是評估工具，充其量只是反映員工意見的晴雨錶。

我們應該看到，人們並非始終瞭解自己的想法。他們總是展現良好的一面，個別情況下也會自私地做出錯誤的回答。想一下，有些人會在眾人面前語出驚人，他們只是為了吸引大家的注意。我們不可能始終瞭解自己的真實意圖，因為意圖隱藏在潛意識中，有時還偽裝得很好，到最後連我們自己都被騙了。心理學家稱之為「感覺監獄」。

員工們不滿和沮喪的理由大部份聽起來非常合理，有理有據，但是背後隱藏的卻是不同的真實原因：

- 人們不關心他們的幸福。
- 人們對他們既不友善又缺乏禮貌。
- 員工們沒有得到關心。
- 他們幾乎沒有聽到感謝的話語。
- 從來沒有人對他們說，他們是非常重要的員工。

所以，我們要用更聰明的方式提問。

選擇合理提問方式

如果是標準的問卷調查，那麼我傾向於採取書面形式。面對面交談雖然是溝通的最重要方式，但有時也會讓人覺得很尷尬。人們更願意在紙上表達自己真實的看法，這樣也會更加謹慎。你一定很清楚，我們不會在任何人面前都直言不諱。

電話採訪也是一種選擇。採訪者需要具備很高的情商。他們應該懂得用引導的方式提出問題，並且能夠認真地傾聽。他們必須嚴肅對待員工，並且表現出尊重。他們還必須告訴員工這次採訪對公司以及今後發展的重要性。

人們應該按照受訪者的原話進行記錄，同時記錄下他們受訪時的感受，並對所有內容進行收集、整理和評估。這樣就形成了一份按照時間順序排列的清單，裡面列舉了客觀的、專業的，以及人際關係中需改正的錯誤。除了頻繁出現的問題和關聯性之外，還應該詳細描述單一事件，製造驚喜效果。在徵得員工同意後可以播放一些採訪時的音頻原聲，這麼做的效果遠比一份充斥著數據的報告好得多。

線上問卷這種方式成本低廉，操作簡單快速，因此愈來愈受到企業的推崇。但是我們只能根據目的有選擇性地使用這種方法，畢竟線上問卷也是根據給定的問題進行選擇。即使受訪者可以根據自己的情況做出回答，但是人們得到的認識還是非常有限，而且最後的評估階段還需要不菲的資金投入。為了快速完成問卷，人們通常會選擇每一個問題的第一個選項。這樣的結果不僅毫無意義，還會導致嚴重的後果，因為錯誤的回答會使人們做出錯誤的反應。

你應該通過其他方式邀請員工在網路上發表自己的經驗、願望和想法：可以通過投票和排名的方式詢問員工的喜好和決定，也可以用這種辦法讓他們提出合理化建議。你最好給出以下的備選答案：「這個改革方式有決定性意義。」「這個想法不錯，但不是決定性的。」「我無所謂，我也不需要。」這樣就可以簡單地區分出「必須」和「不必要」，也可以得出每個員工眼中最重要的特徵。如果一家企業以這種方式快速地得到員工和客戶的反饋意見，那麼它就可以比競爭對手更快地對企業和產品做出調整。

通過快速簡答問卷快速進入主題

我喜歡在觸點管理中採取快速行動，因此更傾向於使用快速簡答問卷調查方式。如果人們想要考察某一個觸點，可以這麼做：

- 這些事情非常好，因為……
- 這裡的一切還可以，因為……
- 這裡的情況讓人失望，因為……

快速簡答問卷調查也適用於人們互相檢查工作成果。在傳統的問卷調查中，人們都是通過選擇來評估員工的工作業績。這種做法的問題是：如果這麼問，員工或多或少都會覺得幾乎一切都很重要。錯誤的提問方式將使真正的要求不斷貶值，因此公司也就不會再滿足員工的虛假願望了。

快速簡答問卷調查每次最多列出四個主題，然後讓員工選擇，他們認為哪個特徵最重要，哪個最不重要。第一輪中勝出的特徵，會進入下一輪選擇。在四輪選擇中你一共可以測試十六個特徵，然後得到完美的問卷結果。（表四）

一個更簡單的方式是讓員工對兩個特徵進行比較，可以用口頭或書面形式提出下面的問題：「你覺得X和Y哪個更重要？」測驗結果可以按照員工群組、工作領域、地區和國籍加以區分。

快速簡答問卷調查的一個特殊形式是線上預測。公司將員工預測的具體數字匯總為一份專業鑒定報告，這有助於公司制定發展計劃和危機評估。受訪員工可以預測營業額，評估銷售潛力，或者估計市場價格。CrowdWorx公司的創始人亞歷山大・伊凡諾夫介紹，漢高公司通過這種方式將評估準確性從專家評

表四

成績特徵	最重要	最不重要
特徵1		
特徵2		
特徵3		
特徵4		

估的百分之六十九，提升到了員工預測的百分之八十五。在倉庫工作的員工取得了非常出色的成績，因為他們最熟悉產品的銷售週期。這一預測使營業額突破億元大關。

> 智慧的問題讓員工成為公司的免費顧問。

對話框測驗法

還有一個方法就是對話框測驗法。你這麼做：先畫兩個相對的對話框，一個裡面寫著假定的第三人的說法，另一個空著，受訪員工在裡面填寫自己的答案。圖十二舉了兩個例子。

這種方式既輕鬆又愉快，但是要求人們發揮創造性。這是年輕人喜歡的方式，然而調皮的人也可以藉此在網上搗亂。因此，你如果採用這種對話框測驗法，就必須要考慮以下幾點：「我們想要以此達到什麼樣的最佳效果？」或者「絕對不能發生什麼事情？」或者「最糟糕的難以接受的『事故』是什麼？」以及「我們應該如何應對？」如今的一切都可能上傳到網上，我們不能忘記這一點。

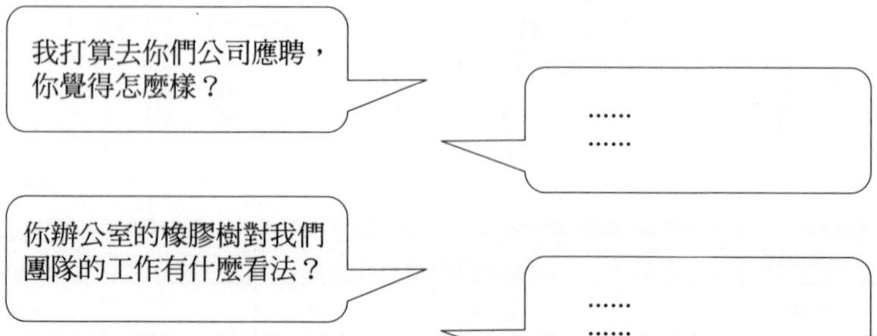
我打算去你們公司應聘，
你覺得怎麼樣？
……
……
你辦公室的橡膠樹對我們
團隊的工作有什麼看法？
……
……

圖十二　對話框測驗法的典型問題

拷問員工的良知

我最喜歡的問題就是「良知問題」，可以這麼提問：

「親愛的同事，想像一下自己是公司的良知。你會對我們說什麼？我們可以具體做些什麼進行改善？」

如果以書面形式提出良知問題，還可以畫一個虛擬的小人，肩膀兩邊各站一個小天使和一個小魔鬼，甚至可以加入一個受訪員工的畫像。這會讓這個測驗更有人情味。

重要的一點，是要為作答留下足夠的空間。你可以將很多答案公之於眾，這也許是人們一直想要知道的東西：比如說，員工在某一特定狀態下有什麼感受；客戶在某一時刻說過什麼，他出於什麼原因說出這些話。老闆可能終於知道了除了他以外所有人都知道的謠言，或者頑固問題的癥結所在。這些內容都像黃金一樣珍貴，因為人們只有瞭解了問題的真正原因，才能採取正確的方法加以改正。

如果企業文化不佳，或者員工的信任度很低，問卷調查就一定要採取匿名的方式。人們可以先在電腦上填寫，然後再列印出來提交，這樣就可以避免通過筆跡辨認出員工。如果很多員工都參加了這種問卷調查，那麼就可以自動產生一系列觸點措施。

> 匿名方式在問卷調查中非常重要。

員工們自己整理合理化建議，並將其提交給經理用作參考，但不是用來決策。這些建議並不是對問題的抱怨，而主要是如何快速有效地革除可能出現的弊端。可以採取以下簡單形式：（表五）

這時如果出現爭議怎麼辦？這是值得開心的事情！合作過程必然伴隨著爭吵，重要的是坦誠客觀地討論出現的問題，共同尋找一個各方都能接受的解決辦法。如果人們私下解決爭端，就會帶來毀滅性的結果。因此正確處理良知問題也是一個團隊自我療傷的寶貴開端。

主題式問卷調查

人們可以隨時就不同主題開展主題式問卷調查。因為提出的問題數量很少，所以人們需要對此充分準備。需要考慮的問題包括：你應該提出的最重要的問題是什麼？你可以提出的最有價值的問題是什麼？

你可以發給員工一張問卷調查表，讓他們以書面形式完成，最好以匿名方式進行。下面是一些例子：

- 我最喜歡公司的哪一點？
- 我最不喜歡公司哪一點？
- 這份工作最吸引我的是什麼？
- 我的工作有什麼具體的改進措施？

表五

今天的結果和預測	明天希望實現的目標	我們如何一起努力

- 我對公司主管的最大願望是什麼？
- 我還能為客戶做些什麼？
- 我對公司有什麼重要價值？
- 我對外人會如何宣傳公司？
- 我自己喜歡做什麼工作？
- 我希望在哪些方面得到更多支持？
- 哪一點會鼓勵我繼續在公司工作？
- 我一直想說的話是什麼？
- 下次問卷調查時可以問些什麼？

最後還可以提一個終極問題，這個問題隨時都可以單獨提出。公司必須保證這個問題的絕對保密，這樣員工才能誠實作答：

您今天還會再次選擇我們公司嗎？

如果是，主要原因是什麼？

如果不是，為什麼不會選擇這家公司？

如果有人通過某種方式做出了否定回答，絕對不要去調查做出否定回答的是哪個人，即使是使用最隱秘的手段。在所有人看來，這種信任的破裂都是無法彌補的。

還可以讓員工補充完成以下句子，以此瞭解員工的忠誠度以及他們對外推薦公司的可能性：

- 我關心公司的未來，因為……

- 我還會繼續在公司工作，因為……
- 我對其他人積極自豪地介紹我們公司，因為……
- 我鼓勵有興趣的人成為公司的客戶，因為……
- 我鼓勵潛在的員工來公司應徵，因為……
- 我不會做這些事情，因為……

這些開放性的問題不會將人們局限在一個固定的問答模式中，也不會把員工降級為一個只會做選擇的人，而是讓每一個人都可以自由表達內心的想法。所以每一個員工都會深入地探討這些問題，因為公司需要他們的創造力。公司也將得到更有價值的答案。

聚焦式提問

焦點的意思是關注最重要的問題，而不是在枝微末節上耗費精力。所以聚焦式提問用一個問題就可以說到點子上。人們可以用這種方式快速掌握說服員工的真正理由，而不會讓他們感覺受到輕視。例如，聚焦式提問可以這樣進行：您最希望從老闆那裡得到哪三樣東西？

如果是口頭提問，人們肯定需要較長的時間來思考。不要催促他們，對一切回答都要保持開放的態度。受訪員工心裡通常都懷有期望，可能需要用理想的方式表達出來。員工心裡一直在盤算，老闆喜歡聽什麼樣的期望。他們甚至會為了讓老闆滿意而說出對公司不利的東西。如果你認為員工都會講真話，那就太幼稚了，因為畢竟最後是由老闆決定誰能吃到蜂蜜。

為了讓員工根據才能各司其職，你可以提出以下聚焦式提問：

- 如果你有一件必須要負責的事情，會是什麼？
- 從你工作的角度來看，哪一樣東西特別沒有用，而且對任何人都沒有幫助？
- 為客戶的利益著想，我們一定要改變一件事情，你認為最重要的是什麼？

通過這種方式你（很可能）會得到重要訊息，內容涉及糟糕的工作條件、來自企業的壓力、空間狹小、重複工作和企業佔用員工的時間，還會涉及溝通、交接點和客戶等問題，以及企業自身的盲目性。你過去可能一直沒有重視這些問題對員工和客戶忠誠度的影響。使用這種方式還有一個好處就是：你可以快速施加影響。你接下來繼續問：「我現在（立刻）需要具體做些什麼來支持這件事？……好的，謝謝，還有什麼？」繼續詢問非常重要，因為人們通常在第二輪提問中才會說出真正的要求和願望。

你可以透過這種聚焦式的提問，瞭解那些非常危急的緊要事件。緊要事件就是員工關係中帶有強烈感情色彩的時刻，它們扎根於人們的記憶深處，人們會不斷重複。為了避免公司形象受損，你有必要瞭解這些事件。

此外，你還要搜索那些讓人特別開心的事情，並將其作為成功的典範在公司內部和社會上進行宣傳。這是要達到的第一個效果，那麼第二個呢？對於忠誠度的形成來說，沒有什麼比員工聽到自己說願意和你一起工作更好的效果了。他們既然這麼說了，將來很可能也會這麼做，無論是在網路上，還是在日常生活中。

為了獲得緊要事件的訊息，你最好這麼引出問題：「我一直想要問你……」這一問題要和「請你談一下」相聯繫。這種「請你談一下」的問法非常有效，因為員工在聊天的語氣中最容易表露自己的感情。瞭解這種感情並使自己融入其中，有助於你做出正確的反應。請不要忘記這一點：誠實勇敢的員工，值得你真誠地道一聲感謝。他們最後總是想要知道自己的看法會產生什麼樣的影響。

歡迎高層主管參與

我的特別建議：經常邀請公司高層主管參加這種活動。如果公司的高層主管能夠走近普通員工，這會表現出極大的尊重。例如，他們可以提出這樣的問題：

- 假設一下，你現在處於我的位置（或者：你在公司負責管理），你首先要在哪個方面進行改進？
- 你在公司遇到最讓人不舒服的事情是什麼？
- 親愛的同事，你在公司最美好的經歷是什麼？請你談一下。

你不僅可以透過類似的聚焦式提問發現大量的薄弱環節，還能找到重要的成功細節，這都是你以前不瞭解的，或者中階管理人員還沒有向你做過匯報的。你可以準確地瞭解在各個緊要環節需要採取的必要行動，可以迅速做出反應。這麼做不僅解決了每個人的問題，還讓你在面對員工不滿情緒的時候游刃有餘。這麼做不僅增強了員工的忠誠度，同時也可以防止人員出現變動，還節省了傳統的市場調查費用。

如果高層主管嘗到過一次這種提問方式的甜頭，他們就會將其固定為向員工諮詢的常態活動。人們需要事先認真準備，想出一些合適且有價值的問題。例如：

- 我很感興趣你對這個話題的想法……很有趣，你能談談具體的細節嗎？
- 我對這個話題有一些想法，很想和你談一談……
- 假設一下，你是這個問題（這個計劃）的決策者，你會怎麼做？……很有趣，你對這個決定有哪些考慮？

- 如果由你出資，你會如何著手開展這個題目？……你絕對不會做什麼？
- 假設我們明天就開始實施，會出現什麼情況？……我們還需要注意什麼？……以客戶的觀點出發，有什麼不妥的？
- 你的同事怎麼看待這種情況？你不用說具體的名字……他們會怎麼勸說我？
- 如果有一件事情可能導致這個計劃失敗，以你看來這個關鍵點會是什麼？
- 應徵者想不到的方法是什麼？……你如何出其不意地打敗競爭者？

開始的時候，員工的回答可能會猶豫不決。即使高層主管和藹可親，但是在員工看來，他們仍然是有威嚴的人。你可以改變談話風格，就像聊天一樣，這會緩解員工的緊張情緒。如有需要，你還要友善地點頭示意，鼓勵他們：「繼續啊！」或者說：「我對這個很感興趣。」

提問本身就是權力的象徵，因為提問的人在主導談話。談判專家安德烈亞斯・帕特萊茨克說：「領導者可以藉由佈局、結構和選詞增強談話的權力感，也可以降低權力感，也就是將權力隱藏起來。」所以提問的方式起決定性的作用。高層的主管說話習慣指示明確、言簡意賅，通常不會使用「請」和「謝謝」這樣的詞語。然而這種說話方式會嚇退員工，難以取得希望的結果。所以不能以威脅和脅迫的口吻提問，千萬不要把談話變成審訊。如果你正確地提問，不僅能順利地瞭解各個觸點存在的問題，還會不斷地獲得新的建議，員工也會感受到自己對企業的重要性。人們可以對問題做出迅速的反應，並提出解決方案。好的建議應該得到表揚。最終的決定建立在堅實的基礎之上，人們從計劃開始階段就排除了錯誤的可能性。

員工滿意度調查——無聊的做法

我前面已經說過了，傳統的員工滿意度調查效率很低。較大規模的公司現在仍然熱中於這種調查形式，所以我在這裡再一次提醒大家。這種調查本應該記錄人事部門的工作成果，但實際上通常淪為一張定期支付的賬單，而且整體的花費與得到的結果完全不成正比。如果人們真的希望瞭解公司的真實情況，幾位員工的誠實回答遠比很多人的投機答案或被操縱的說法更有效。調查結果經常被束之高閣，而不是進入改革方案，這是更糟糕的情況。這種調查有時還會被用作高壓手段。

人們可以從網上下載標準的問卷調查模板，這樣的問卷根本不適合個性化的調查。如果公司委託某個研究所設計滿意度調查問卷，那麼這種問卷會包含很多問題，而且最後的結果分析非常複雜，只有學術精英才能讀得懂。計劃、實施和評估都會消耗大量資源，也浪費了很多時間。從決定到第一輪結果通常需要四個月的時間。在瞬息萬變的商業新世界中，四個月足以讓一家公司破產。

如果人們在進行的過程中不認真，或者沒有正確處理問卷結果，還將引起誤解和恐懼。即使看起來很小的失誤也可能深入員工的集體記憶，這會讓人們對這種問卷方式失去信任。

還有更糟糕的情況：原則上，每一份問卷結果都要計入主管的業績評估，成為獎金分配的基礎。因為擔心收入受影響，他們就會想出一些點子。老闆會在一定程度上強迫員工做出他們希望的回答，或者所有員工與老闆結成攻守同盟，以最佳姿態出現在問卷調查中。最後，詭計最成功的部門排名最高，而且高層主管也對此瞭如指掌。我甚至瞭解一些公開耍手段的公司，所有人都參與這種造假的遊戲。

——激勵體制讓陰謀詭計有了可乘之機。——

還有一種情況：員工雖然在問卷調查中表達了自己的觀點，但是到了進行改革階段，一切還是要等待高層的行動。這種等待可能持續很長時間。或者中階主管不加修改地傳達高層通過的整改措施，即使這些措施幾乎沒有任何作用。

總會有一個人站出來說：別做這些無聊的事情了！與其讓錢打水漂，還不如花在觸點活動上。

17 第二步：設定目標

我們在第二步中需要為追求的目標下定義，並且為員工優化觸點，探究人們在觸點採取的行動。我們需要考慮以下幾點：

- 為了什麼：我們努力完成的目標
- 為了誰：我們為之積極努力的目標群體
- 怎麼做：需要實現的外部條件

我會在本書中提出兩個外部條件：

1. 緊張的和輕鬆的企業文化
2. 激勵型領導方式

我們先說目標，再說方法。這裡並不是指固定僵化、經理人通常採取的目標，而是值得我們努力的期望目標。「什麼樣的結果對我／我們很重要？」這個問題即是下一步的任務。

設定目標的過程

人們需要為整個觸點計劃和單一的觸點設定目標。這需要根據各自的特點靈活操作。你不要僅僅定義想要實現的目標和實現的條件（可做的事情），還要和員工一起確定不應該做的事情，或者絕對不行的事（禁止的事情）。為了實現每一個目標，你可以提出以下主導問題：

- 除了所有的業務領域以外，領導階層如何理解最重要的觸點？
- 從主管一方考慮，為了適應未來的工作環境，我們如何盡快克服觸點運作不理想的現狀？
- 我們如何讓整體的招聘觸點符合網路3.0的要求，適應網路原住民的要求？
- 我們如何才能盡快擺脫過時的體制和程序的束縛，在企業中創造一種網路結構？
- 我們如何促進員工的忠誠度，激勵他們繼續留在公司，避免員工流動給企業帶來的損失？
- 我們如何使員工成為企業積極的宣傳員？哪些觸點特別適合激勵員工對外宣傳？
- 我們如何讓企業內部各個觸點的女性員工發揮更多的潛力？
- 我們如何鼓勵員工省時高效地參與實際操作和戰略性決策？
- 如何讓員工發揮自己的想像力，並使之與適當的觸點相結合？
- 我們如何在單一觸點用非金錢的激勵因素鼓勵員工？
- 我們如何持續實現跨部門的、以客戶為本的策略？
- 我們如何在公司內部順利開展觸點管理？
- 為了在企業競爭中佔得先機，我們應該如何優化觸點數量？

如果你描繪出了整體目標，下面就可以進一步細化目標群體了。

目標群體選擇

我們需要確定目標群體，並且為其優化選定的觸點。現在我們就來確定目標群體，例如：

- 有潛力的員工
- 內部員工
- 外部員工
- 離職的員工

我們在第二部份已經詳細敘述了員工的重要意義，以及未來的領導者必須具備的能力。一個基本的問題就是：我們真的（至少）像對待企業資產一樣認真對待員工嗎？

我們嚴格遵守機器的平均保養時限，但我們是如何對待員工的「保養時限」的呢？公司的車隊會定期進行保養維護，然而公司的領導階層是如何保養信任他們的「員工艦隊」的呢？人們花大量時間用來挑選辦公室的新傢俱，但是人們會花多少時間組織招聘計劃呢？某些主管辦公室的綠色植物得到的關心都比員工多。人們只有在各種論戰中才徹底意識到，某些企業待物比對人要好得多。

為了找到理想的期望狀態，我們還應該分別考察「來—留—走」過程中的觸點。我們再次以招聘過程為例具體解釋。應徵者需要反覆地填寫各種個人訊息，而且不能留下空白欄位，他們的興趣很快就會消耗殆盡。公司急招員工，然後又給應徵者找麻煩，這是為什麼？人事部門只是想告訴審計部門，公司招聘的花費很大。如果有價值的應徵者因為這些煩瑣的手續而轉投別家，這種代價也是很高昂的！你也要把這種情況考慮進去。

還在要求傳統的簡歷文件夾的人事部門就像一個無底洞：交上去的材料就永遠也拿不回來，人們始終在等待事情的發展狀況。人事部門通過相應的招聘（才）軟體可以快速地做出反應，如今的招聘過程再簡單不過了。所以對這種愚昧做法的唯一解釋就是傲慢。然而人們也會為此付出代價。網路會將表象和原因無情地披露出來。榜上有名的企業就再也不會收到應徵者的簡歷了。最後，憤怒的應徵者還會影響到客戶。現在的一切都緊密聯繫在一起。

企業文化的外部條件

新的企業文化也是商業新世界的一部份。然而舊式的企業與新型的數位化公司之間存在著巨大的鴻溝。一方面，舊式的公司在禮儀上有著嚴格要求，人們心情都不太好，耷拉著嘴角穿過走廊，到處都籠罩著陰沉的氛圍，工作時的好心情是一種禁忌。另一方面，充滿生活樂趣的網路公司就像一個附帶體驗樂園的遊樂場。這樣的公司擺脫了泰勒主義（Taylorism）工業時代的陰暗精神，他們的理解非常簡單，為了取得好成績，工作必須有樂趣。

為了取得好成績，工作必須有樂趣。

一般來說，企業文化是集體學習過程的產物，人們不能放鬆對其保護和維護。企業文化包括看得見的和看不見的文化，也包括禁忌、保密的原則和標準。它決定以下內容：

- 公司中的人際交往；
- 與客戶和合作夥伴的關係；
- 聘用哪些人，以何種方式提拔哪些人；
- 員工在什麼樣的環境中工作；
- 決策過程；
- 如何處理問題；
- 如何對待錯誤；
- 如何實現想法；
- 如何掌控衝突和危機；
- 監控什麼，如何監控；
- 按照什麼標準評價員工的成績；
- 如何慶祝成功。

管理階層的態度具有決定性的影響，因為公司內部的情緒都是自上而下傳播。因此，員工每天早晨都會觀察老闆的心情，以及他的聲音、手勢和細微的表情，員工會對所有的一切進行解讀，所以任何一句漫不經心的話都有份量。如果老闆心情好，那麼員工在每一次交談時都能感覺到：今天是個好日子。俗話說：「好心情會傳染。」這有什麼影響呢？這會刺激神經細胞，我們通過這些細胞體會到他人的感受，這是一種內部模擬的方式。這導致了一種情感的「傳染」，一種不由自主的模仿，也經常會導致一種下意識的複製。老闆的情緒就直接體現在員工的表現中。

我們所有人都緊密聯繫在一起，周圍的人出現了風吹草動，我們也會受到影響。只有少數人屬於示範者，大部份人都是模仿者。如果我們自己不確定，就會跟隨那些我們認為很自信的人，領導者就屬於這樣的人。領導階層的行為會產生多方面的影響。員工對老闆的「喜好」非常敏感，他們很清楚老闆不喜歡什麼，也知道他們賞識和獎賞的對象，以及他們如何應對危機。不經意的一句話可能會釀成一個慘痛的事故，高級經理人經常會忽視這一點。

一切都會在講述中真實地顯露出來。你可以問員工，他們理想中的企業文化應該是什麼樣子，最好透過圖片、舉例和故事來表現。你可以由此整理出一個真正的故事集。如果人們反覆提到一件事，例如大老闆站在機器前向培訓人員請教如何操作一台機器，這個畫面就會產生很強的效果，對工作氛圍的構建非常有幫助。

工作氛圍是現存的企業文化的表現方式。它表達了員工在工作中主觀感受到的氛圍。企業文化是長期形成的，相對穩定，可以分為緊張型和輕鬆型企業文化。前者會引發緩慢的分解過程，而後者則會讓一家企業更加堅強，更有效率，這樣的企業甚至可以熬過經濟危機，以堅強的形象出現在人們面前（見圖十三）。

緊張型企業的喪鐘已經敲響

緊張型企業是經濟心理學家丹尼爾・高爾曼（Daniel Goleman）提出的概念。這種企業浪費了大量

緊張型企業

恐懼、騷擾、發號施令、攻擊、
陰謀詭計、爭權奪勢、妒忌、
指責、推卸責任、武斷、
指揮、小題大做、
猜疑、機會主義、謊言、
單打獨鬥、距離、妒嫉、貪夢、
墨守成規、無意義的工作、
無法理解的指令、
人們無法尊重的老板、
人們不喜歡的辦公室、
人們不向認同的將價值觀
人們討厭的工作、
讓人不舒服的工作、
沒有效率和普通的成績

客戶不會光顧
消極的口頭宣傳／勸阻

輕鬆型企業

尊重、認同、賞識、
友善、幽默、心情好、
真誠的誇獎、值得信賴、
分享資知識、交流、對話、
誠實、坦誠、清楚、公正、
信任、團隊協作、親近、有始有終、
挑戰、勇氣、意義、順暢、
人們自己設定的目標、
人們尊重和珍惜的老伴、
能夠激發靈感的工作條件、
人們分享的價值、
飛速流逝的時間、
吹着口哨高興地上班、
為成績和公司感到自豪

客戶願意再次光顧
積極的口頭宣傳／推薦

圖十三　緊張型和輕鬆型企業文化的特點

的資源和人才，那裡籠罩著讓人壓抑的氛圍，充斥著嚴格的規定、苛刻的監控和嚴厲的批評。企業裡每天都上演著陰謀、黑箱交易、趨炎附勢、自私自利、剛愎自用，還有很多我都不願提起的卑劣行徑。一切都籠罩著恐懼的陰影。那裡的員工承受著侮辱和貶抑，出了問題人們首先想到的就是找替罪羊。人們都在謀求自私的目標，把力氣都花在相互攻擊上：挖苦諷刺、冷酷無情、敵對仇視、陰謀詭計、拒絕指派、阻止變革，互相猜忌。在這樣的環境中，機會主義和見風使舵是最好的生存策略。有能力的人會選擇馬上跳槽，留下的都是一心想著內鬥和向上爬的人。

緊張型企業會在人們的心裡形成一塊日蝕。每當人們走進公司，那片烏雲就會覆蓋一切。員工整體的積極性非常低，他們只想著掩飾錯誤，或者集體隱瞞。公司到處瀰漫著糟糕的氛氛，謠言四起。有些企業的員工每天花一個小時議論公司和老闆。這樣的氛圍讓人不舒服。病態的員工不可能建立健康的企業，頹喪的員工也無法贏得幸福的客戶。

「尋找替罪羊是最簡單的狩獵方式。」——艾森豪（Dwight David Eisenhower）。

如果企業籠罩著糟糕的氛圍，員工也不可能提供優質的服務，他們畢竟不是魔術師。人們幾乎不可能將消極的企業氛圍轉變為對待客戶的積極情緒。如果客戶感覺不舒服，他們就不會再次光顧，更談不上買什麼東西了！企業就會逐漸開始瓦解，這當然是一種惡性循環。企業的規模越大，成為緊張型企業的風險就越大。傳統企業有著明確的等級制度、集中制結構和嚴格的規範，它們堅定地追求利潤最大化，因此最容易成為緊張型企業。

恐懼是成功的最大障礙

恐懼有很多種表現形式。它可以是保護我們的友善的告誡者，也可以在短時間內激發我們的潛能，創造出最高效能，但也會讓我們喪失活動能力，變得愚蠢。攻擊、恐懼、壓力和威懾行為都會限制大腦所有的認識行為。為了確保安全，大腦中的扁桃體結構都是成對出現，在危機出現時，這一結構會將思維模式轉換為緊急狀態：危機逃避、一定程度的攻擊或者連續的發呆，大腦會根據具體情況選擇適當的解決方案。在這種情況下，大腦細胞之間的連接點，也就是所謂的突觸間隙會堵塞，然後腦電波無法順利通過，我們就無法清楚地進行思考，結果就是暫時失去知覺。人們在這種情況下只能完成一些簡單的常態工作。

面對相同的壓力，每個人都會表現出不同狀態。也就是說，每個人緊張和放鬆的過程都有不同的表現形式。一個人可能會很快地激動起來，也會很快地放鬆下來，而另一個人可能在這兩個過程中都需要較長的時間。心懷恐懼地工作違背大腦研究的基本認知。恐懼雖然會讓人們跑得更快，卻持續不了多長時間，停下來後就會感到筋疲力盡。人們在壓力下會取得重大成就只是一種想像，真實的情況恰恰相反。壓力和持續的不滿情緒會阻礙大腦發揮最大潛能。恐懼會削弱人們的學習能力，人們更容易犯錯誤。

> 恐懼雖然會讓人們跑得更快，卻持續不了多長時間。

持續的壓力使身體長期處於戒備狀態，這會降低我們的工作效率，也會摧毀我們的健康，因為壓力荷爾蒙會抑制身體的抵抗力。如果來自外部的壓力（最後期限、懲罰、兩邊受氣的狀態）處於失控狀態，人們就會表現出驚慌失措。最初的擔心會演變成懷疑、軟弱和無助，這會導致身體、精神和靈魂的崩潰。最好的解決辦法就是讓受害者逐步奪回主動權。如果我們（重新）掌控一切，恐懼就會突然轉變為放鬆，情況就會徹底好轉。

心情惡劣、恐嚇威脅、到處指揮、癡迷權力的經理始終是一個威脅因素。他們給我們的大腦發出危及生命的信號，這會使我們的壓力荷爾蒙大爆發。對權威的恐懼將員工訓練成唯唯諾諾的順從者，他們工作效率低下，最終對一切都心灰意冷。員工首先表現為不願意公開發表意見和新想法、不願意合作，也不接受挑戰或者改善工作品質。他們悶悶不樂、敏感多疑、沮喪失望，甚至聽天由命，然後就進入一種假期式的放鬆狀態，一種內心的逃亡，最後導致外在的（故意破壞）和內在的（內心焦慮）崩潰。

如今，任何企業都承受不起這些後果。他們需要員工充分發揮自己的聰明才智，大腦的運轉必須暢通無阻。腦力工作者需要親切友善、能夠激發他們靈感的老闆。只有這樣，他們才能將自己全部的聰明才智奉獻給公司，因此首先需要消除來自企業內部的恐懼，它是效率的最大障礙。

輕鬆型企業取得勝利

輕鬆型企業遵循勝者策略，生機勃勃，始終朝著積極的方向發展。公司的員工生活樂觀、身體健康、積極主動，願意為公司努力工作。輕鬆型企業洋溢著歡聲笑語，是培養高效工作的溫室，也是創意的聚集處。輕鬆型企業好像施展法術一樣將優秀人才吸引過來。企業為員工的出色表現和經濟效益提供了堅實的基礎。客戶願意不斷光顧這樣的公司，他們也願意為公司進行對外宣傳。如果氛圍恰到好處，那麼最後的結果也會如人所願。

> 如果氛圍恰到好處，那麼最後的結果也會如人們所願。

娛樂和工作不兼容，這早就是老掉牙的偏見了，也是非常有害的誤解，因為事實正好相反。公司的生活與歡笑創造出好感，而好感有助於成功。微笑可以克服恐懼，增進信任。歡笑會激活我們的大腦，讓我們保持健康和旺盛的創造力。讓我們開心的事情是我們努力的源泉，這樣的事情不僅做起來容易，我們也會心甘情願去做，同時也會做得更好。判斷一個公司的健康指標就是員工的幽默感，其中包括開會時、和老闆在一起時、在走廊和餐廳中聽到的笑聲。只有人們感覺幸福，他們才會開心地大笑。

輕鬆型企業是凝聚了心血的高效運轉的發動機。企業不斷為員工提出新的挑戰，這些挑戰既符合他們的能力，又以他們的願望為基礎。人們在這樣的企業可以真誠溝通，取得出色的成績，人們明顯感受到彼此的尊重。人們會取得勝利，能夠以自己的成功為榮，他們也的確做到了。輕鬆型企業並非源自浪漫的溫情主義，而是出於企業經濟學的考慮。

輕鬆型企業如何吸引客戶

只有輕鬆的大腦才能產生創造力，而且只有在積極的環境中才能持續產生忠誠、積極、責任感和創造力。輕鬆型企業會積極地運用員工的創造力，而不是毀滅創造力。整個公司齊心協力一致對外，關注市場和客戶，因為公司內部沒有任何威脅。

在這樣的企業中，人們敏銳地感受著發展與趨勢，創新情緒高漲。人們將改革看作機會，而不是威脅。人們實現跨部門和跨公司的高度合作，始終以不同的方式實現自己的創意、知識和觀念。不斷發展的創造力持續為公司提供全新的方案，使公司跳出重複的怪圈。

對和客戶打交道的員工來說，在輕鬆型企業工作具有特殊意義，因為他們將企業文化傳播到市場上。始終都有好心情的員工是每個團隊的運氣，因為好心情具有感染力。

如何成為輕鬆型企業

可以從兩個方面改變人們的行為方式：如果受到表揚，人們就會再接再厲；如果行為受到批評，人們以後就會逃避。此外，如果人們談論一些干擾，或者討論相關問題，也會產生安撫的效果，因為這會告訴我們的扁桃體，我們感受到了威脅。這意味著在員工關係中也要談一些讓人不快的事情，尤其是那些需要解釋的問題。只有一切都解釋清楚，不需要再擔心的時候，我們才能恢復最佳狀態。

領導者需要就以下問題尋找答案：

- 我現在感覺公司的氛圍不好。你覺得原因是什麼？我身上有什麼問題嗎？你能說一些具體原因嗎？
- 我覺得我們現在停滯不前，有點兒死氣沉沉的。如果要重新恢復生機，我們需要做些什麼呢？我能做些什麼？

除此以外，整個團隊應該共同努力改善企業氛圍，因為每個人都以自己的方式參與其中。我建議採取以下方式：你畫出從〇到十的等級圖，代表從緊張型到輕鬆型。讓每個員工匿名選擇，他們認為自己的部門整體處於哪一個等級（見圖十四）。人們接下來共同研究，如何在一定時間內提高一個等級。

這樣的等級問題可以很好地解釋員工內心感受的狀態，而不需要長時間的

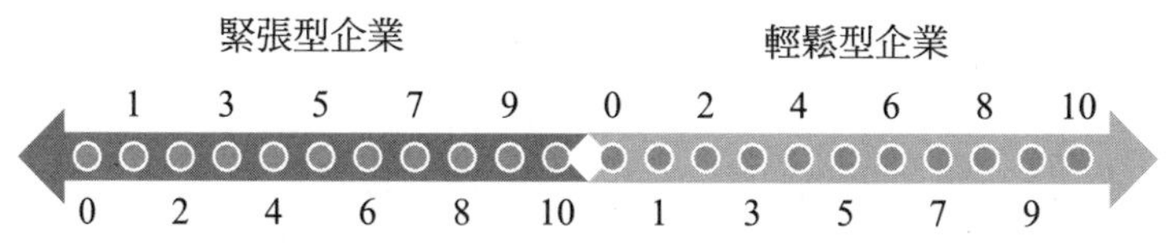

圖十四　企業文化價值等級

複雜解釋。此外，人們還可以藉這種方式將一般化或者籠統的說法聯繫在一起：不是簡單地區分好壞，而是明確中間的灰色地帶。最好可以藉由小範圍的可行措施逐步加以改善。

激勵型領導方式

大部份企業都談到了員工滿意度，那麼我就想要問一下：什麼是員工滿意度？滿意的意思是可接受的，屬於很一般的中等成績。積極主動的人才怎麼會願意待在中等水準的企業？滿意會使現狀僵化，使人們反應遲鈍、得過且過。這種狀態的人一般不希望改變，行動的努力和情感的張力也非常低。人們表現出一種漠不關心的態度，最後會形成一種聽天由命的懶散性。這種無所謂的心理導致人們在工作中粗心大意。這樣的員工只會心不在焉地應付客戶，面對客戶的特殊願望和問題時，他們很少有主動性和創造性。

這種聽天由命的滿意度主要出現在員工缺乏施展空間的企業，他們不會參與企業活動，企業也不歡迎他們的想法和創意。這種看不到未來的心態滋生了百無聊賴的狀態，參與意願和責任感都消失殆盡，人們開始了得過且過的生活。滿意培養了人們坐在辦公室的耐心，卻沒有給予他們積極性。「僅僅感到」滿意的員工是任何一種優秀文化的掘墓人！他們將公司置於危險之中：蔓延著消極情緒的公司最後會從內部瓦解。

如果不希望出現這樣的結果，我們應該怎麼做呢？我們需要激勵型的領導方式。受到激勵而努力的員工可以超常發揮，工作效率和工作品質都會大大提高。他們願意提高效率，也希望取得成績。這種積極的能量會真切地反映在客戶購買的產品中。最後，員工的這種心理狀態會通過每一個小動作表現出來：受到激勵的員工會讓客戶體驗到購物的愉悅，而消極員工則讓購物變為一種折磨。

積極主動的員工也會大幅地降低成本，因為犯錯的次數減少了。他們富有創造力，總會產生新想法。更重要的是，作為主動的宣傳員，他們對外塑造著公司的積極形象。這不僅會鼓勵有潛力的優秀人才關心公司，也會吸引客戶不斷光顧公司。

為了獲得這樣的效果，我建議公司領導者在每個觸點採取行動，認真分析其中讓人失望的、可以接受的和激勵員工的因素。這是我仿照東京理工大學狩野紀昭教授（Noriaki Kano）的「狩野模式」（Kano Model）為員工管理領域開發的新模式。人們需要分析員工的希望和他們得到的結果。結果可能是從痛苦的失望到極大的鼓勵，也可能是從興高采烈到垂頭喪氣。

在圖表中按照時間順序列出選定的觸點及其現狀，具體如圖十五所示：

探討讓人失望的因素

如果公司中讓人失望的因素佔據主導地位，那麼你很快就會失去你的員工了。倨傲的態度和傷人的語言會在員工中產生消極的反應。你如果希望員工關係運轉良好，那麼就不能讓他們產生明顯的失望情緒。一旦這種情況不可避免地出現了，你就需要親自與他們交談並給出合理的解釋，這樣才能使公司的運轉恢復正常。

如果員工感到失望，並且這種狀態一直持續，你將為此受到懲罰。他們有很多種懲罰的方法：粗心大意、吊兒郎當、故意犯錯、挖苦諷刺、固執己見、詆毀誹謗、抱泡病號、怠工、不守規定、公開反

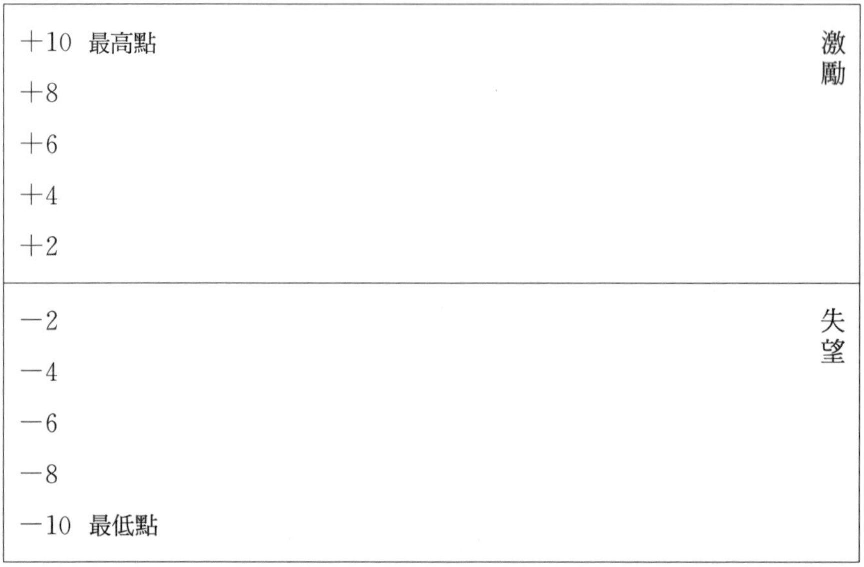

圖十五　統計失望、可以接受和激勵的因素

抗。他們所做的這些都或多或少帶有強烈的顛覆慾望。他們的意圖是什麼？報復！為他們受到的不公待遇而復仇！這樣的感受永遠都是主觀的，並且能夠顯示出巨大的能量。我們已經看到，人們在這種情況下一般都會選擇這位最具影響力的守護者：數位化的公共媒體。

瞭解可以接受的因素

如果想要避免員工的不滿，就必須認真研究他們可以接受的因素。這些因素與失望因素相反，至少為你提供了滿足員工意願的機會。在員工們看來，可以接受的因素就是理所當然的事情，包括禮貌、友善、信任、公平、正直、誠實，以及很多領導品質。如果公司主管沒有達到這些基本要求，員工們就會轉而變得很消極，進入失望者的陣營。如果公司還沒有實現這些基本條件，就不要考慮激勵因素了，因為這麼做根本就沒有意義。

在員工們看來，可以接受的因素是理所當然的事情。

我們首先應該為可以接受的因素下個定義。可以接受的因素至少應該滿足員工的期望或者達到他們認為理所應當的條件。具體是什麼呢？這取決於員工及其價值觀、他們對工作的期望，以及他們在公司的職位。因此這是一個非常複雜的分析任務。現在，人們不能像人力資源管理專家弗雷德里克・赫茨伯格（Frederick Herzberg）那樣，將原因簡單地歸結為保健因素和激勵因素這個「雙因素理論」（Two Factor Theory, 又叫激勵保健理論: Motivator-Hygiene Theory）。

舉一個例子？人們會異口同聲地對我喊道：「金錢就是保健因素。」完全是胡說八道！每當聽到大學教授和培訓師引用那些所謂的專家或者上個世紀的老掉牙的至理名言時，我都會非常氣憤。正如加里・哈默爾所說，經理們無疑想要將這種「鬧鬼的幽靈」帶進新時代。對於某些人來說，金錢完全就是一個激勵因素。例如根據法律規定，上市公司董事會成員的收入必須公開，這不再是顯示公司透明度的手段，而是執行長們爭奪最高薪資的衡量尺度。

每個人的特點各不相同，他們都有自己的價值觀，都以自己的標準看待這個世界。人們不能從自己的優勢出發考慮問題。我們再次拿出上文提過的表格。現在按照從〇到十的等級標準認真為每一個員工評分：哪一條標準會激勵哪個員工？哪一條標準是哪一位員工的必要前提？哪些員工會覺得哪些標準完全無所謂？（**表六**）

表六

標準	員工1	員工2	員工3
任務／職位			
工作場所的陳設			
有競爭力的薪酬			
福利待遇			
晉陞機會			
培訓機會			
公司吸引力			
上司的態度			
獨立性			
企業氛圍			
認同的文化			
工作環境			
工作時間、模式			
工作生活整合度			
醫療保險			

找到激勵員工的因素

激勵員工和構建積極企業文化靠什麼？靠的是激勵員工的因素。有了這些因素我們可以戰無不勝，當然缺少這些因素也不會讓員工變得消極。如果你實現了這些激勵因素，不僅會得到員工的喜愛，也會促使他們積極宣傳。

使員工倍受鼓舞的往往是意想不到的小事情。管理專家湯姆・彼得斯（Tom Peters）將其稱為「重要的小事情」，對此給予多少關心都不為過。我們最後會得到大量讓人吃驚的細節，正是這些細節造就了企業之間的差距。這的確不僅僅是金錢的問題。我們從客戶方面也瞭解到，如果企業不能提供觸及客戶心靈的產品，無法讓它們的產品脫穎而出，那麼價格就是唯一的區別特徵了。商品只能藉低價格才能平衡客戶因為對產品缺乏好感而產生的失望。相反，如果產品能夠引起客戶的情感共鳴，那麼就可以在價格上佔據優勢。這一原則在員工方面剛好體現出相反的效果，只是表現形式不一樣而已：無法獲得他人好感的人就得花大價錢，這就是補償費。

激勵因素的癥結：今天還算是驚喜的事情明天就已經是「基本條件」了，完全不值得一提。如果有一次沒有達到人們的期望，員工們就會感到失望。員工很快就習慣了好東西，他們的期望和要求也會隨之提高。一般的激勵計劃就是例子。這裡有兩個竅門可以讓你擺脫這種狀況：一個是「不要重複，而要給出無與倫比的體驗」；第二個是讓員工自己尋找，你至少會從中得到一些適合的東西。

未達到期望？符合期望？超出期望？

在分析階段已經簡要介紹過，我真誠地建議每一位企業領導者在所有的員工觸點按照失望、可以接受和激勵標準考察自己的行為，然後制定一個期望標準。這一過程最好按照以下三步進行：

- 我作為領導者最多能夠並且應該做什麼？
- 我的／我們的最低標準是什麼？
- 我作為領導者絕對不能做什麼？

這裡舉一個具體的例子。很長時間以來，一個團隊就在抱怨大辦公室糟糕的工作條件：辦公傢俱老舊，辦公桌的抽屜打不開，櫃子的鑰匙也都找不到了，椅子坐久了會引起後背不適，地毯發出難聞的氣味，而且辦公室也特別吵。員工們雖然提了很多次意見，但是情況並沒有得到改善，這引起了員工的普遍不滿，已經影響到了工作業績。員工不停地談論這件事，這也浪費了很多時間。很明顯，老闆並不關心自己的員工，對他的失望已經導致第一批員工「因為生病」而不能上班。在一個週一的早上，員工們發現辦公室重新裝修了，換了新傢俱，牆壁也重新粉刷過了，地板也是新的，甚至增加了綠色植物。員工們開始肯定覺得很開心，但在觸點管理的意義上，這種做法最多只能算是勉強接受的水準，因為這完全是舊式驕傲自大的領導方式：我們知道什麼對我們的員工最有益處。

那麼應該怎麼做才能持久地激勵員工呢？讓員工們自己設計辦公室！那樣的辦公室才能真正成為「他們的」辦公室，更加舒適，而且注重細節，這有利於提升工作樂趣，促進合作。

第二個例子是關於道歉。領導者當然也會犯錯誤。他們應該解釋清楚，不給員工們背後議論的機會，因為他們反正都會知道這些事情。只要你承認錯誤，大家幾乎都會原諒你。你可以真誠地說：「我非常不禮貌地……我本不應該這麼做……我沒有理由……希望大家能夠原諒我。」這席話既展現了領導者承擔責任的勇氣，也會極大地提升你在員工中的威望。

在健康的企業文化中，易受損傷的東西更會受到人們的保護。真誠的道歉可以彌補人們受到的不公正待遇。如果主管表示道歉，這就給了員工機會去原諒並最終忘記這件事。這件事讓人們感覺很好，同時主管也獲得了解脫。

如果犯了錯誤，卻不肯道歉，就會讓人失望。推卸責任和喋喋不休的訴苦會引起人們更大的失望。不真誠的客套道歉，緊急情況下的道歉或者讓其他人轉達的歉意只會讓人更加失望。相反，親自表達歉意的努力或者一封親筆寫的道歉信則會讓人們的精神大為振奮。

受到激勵的人會工作得更長久

無論涉及什麼樣的工作，領導者都要考慮到所有員工觸點的領導狀況，按照「失望─可以接受─

激勵」示意圖尋找最佳的行為方式。為了更好地體現各個觸點的現狀，我們還可以將其和紅綠燈結合起來，激勵員工的方式用綠色表示，可以接受的方式用黃色，最低標準以下的都用紅色表示。如果「一切都在綠色區域」，那就是目標和激勵同時實現了。

如果要增強員工忠誠度，提高他們的積極性和主動性，同時避免出現（集體）焦慮現象，激勵領導的管理體制與輕鬆型企業文化相結合就是一條金科玉律。這種方式可以避免效率低下，也可以延緩重要人才的流失。我們都知道，最先離開的永遠是最優秀的人才，因為所有企業都想要聘請這樣的員工。如果年輕的專業人才得不到足夠的支持，工作沒有挑戰性，或者企業的領導方式缺乏激勵因素，他們很快就會跳槽，因為每個企業都在急切地尋找這樣的人才。

激勵領導體制促進員工的忠誠度、積極性和主動性。

僱用一個新手來頂替離職的員工，或者就像對待機器一樣，用新機器來替換磨損的舊機器，很多企業都已經負擔不起這樣的奢侈行為了。培養已有員工發揮著愈來愈重要的作用。激勵領導體制有助於改善企業內部單一觸點的員工溝通，提升員工留在企業工作的興趣。我們下面將介紹其他的可行方法。

18 第三步：操作實施

這一步涉及計劃和相應措施的實施過程，這些措施可以使目前的實際情況發展為理想的期望目標。這一步可以分為三個較大的行動方向：

- 重要的主管觸點，即領導者自己或者與其緊密合作的觸點；
- 涉及實際問題和框架條件的觸點，可以在這裡安排觸點經理人；
- 涉及框架條件的觸點，可以由員工共同研究。

行動時可以選擇漫長的路程和快捷的路程。如果選擇漫長的路程就要先修一座通往新領域的橋，這不僅耗時費力，還需要投入大量的資源。快捷的路程就是鋪墊腳石和所謂的快速改善。人們只需要關注單一的觸點，以及快速見效的措施。一般情況下，我傾向於使用「墊腳石」模式，這樣就可以快速地推進，而且可以不斷獲得成功的故事。不要等待所有事情都準備完備，因為它們永遠不可能準備好。積累起來的小改變也能取得很大的成效。

每一次措施的計劃過程基本上需要解釋以下問題：從什麼時候到什麼時候？由誰做什麼事情？有多少預算？需要準備哪些資源？誰可以提供幫助？哪些時間表有意義，而且具有可行性？你最好選擇一個大家都認為亟待解決的問題。

領導者的溝通能力

在企業中，領導者在很多觸點與員工打交道。在這種情況下，員工談話發揮著重要的作用，是最重要的領導手段，因為對員工領導方式主要是溝通、談話和對話。因此，有重點地選擇問題、傾聽的能力，以及對不同談話狀況的掌控力具有決定性的作用。

溝通能力是優秀領導者最重要的能力。我們都知道，談話分為言語表達和非言語表達，其中非言語表達往往更重要，因為在產生懷疑的情況下，人們一般傾向於相信肢體語言。我們在幾百萬年的過程中都是通過肢體語言溝通，而人類語言的出現不過是幾十萬年的事情。我們需要不斷地進行練習才能更加自如地與員工進行交談。

多樣化的員工談話

與員工溝通交流應該具有方向性，解釋雙方的期望。原則上應該在雙方取得一致的情況下結束談話。除路上偶遇的非正式交談和一起吃午飯的聊天以外，人們還可以採取下面這些正式的交談方式，按照一定的結構組織談話：

- 面試
- 歡迎儀式

- 解釋雙方期望的談話
- 瞭解員工潛力的談話
- 實習期結束時的談話
- 團隊討論／會議
- 身份談話／回顧性談話／定期會談
- 確定目標的談話
- 代表團談話
- 就調整問題進行的談話
- 認可談話
- 錯誤反饋談話
- 員工年終談話
- 薪資調整談話
- 關於培訓機會的談話
- 培訓調整的談話（根據某一措施）
- 職業發展談話
- 升職談話
- 就某一尷尬問題的談話（例如體味）
- 關於員工私人問題的談話

- 解釋問題的談話
- 提醒的談話
- 離職談話

如何正確進行不同的談話？你可以按照www.touchpoint-management.de網站上的內容進行核對。除親自談話和電話交談之外，你還可以採取書面形式進行交談。

- 歡迎信
- 實習期結束的祝賀信
- 日常工作中的郵件往來
- 關於計劃協調的書信往來
- 特殊成績的感謝信
- 針對特別活動的信件

僅從這兩項列舉的篇幅就可以看出言語交流在領導工作中的重要地位。所以你應該放棄郵件的形式，走進員工中，和他們交談。但是不要按照固定模式談話，而是真誠地交談。每次談話都有一個完美的預定目標，這需要你事先考慮清楚。你需要先為預設目標下定義，並將目標分解為幾個小點。然後考慮一下其中的失望、可以接受和激勵因素。在準備言語交流的時候，你可以簡單制定一個大體的流程表。例如下**表七**：

表七

談話方式：＿＿＿＿＿＿	員工姓名：＿＿＿＿＿＿		日期：＿＿＿＿＿＿	
談話階段	目標	讓人失望的因素	可以接受的因素	激勵員工的因素
進入話題				
自己的觀點				
員工的觀點				
達成一致／結果				
後續步驟				

這個計劃只能幫助你建立思考脈絡，確定重要的步驟。你還是需要盡可能自由地交談。

員工談話基本原則

在每一次交談以及員工管理體系中，需要特別注意以下基本原則：

- 人優於事
- 情感優於理智
- 對話代替聽寫
- 提問代替說教
- 傾聽代替勸告
- 增強優勢
- 盡可能簡化

交際專家不僅是優秀的提問者，也是優秀的傾聽者，還是出色的觀察者。他們親切地參與到員工的對話中，無聲的肢體語言表明了他們的態度。他們引領員工踏上思想之旅。他們會謹慎選擇措辭，因為言語就像箭一樣：開弓就無法回頭。

下面我們來談一談交談的技巧，其中包括提問方式、傾聽方式、回答方式、協商技巧等。

即時的反饋

反饋就是對已有成果的意見，這可以確保我們在正確的道路上前進。因此，表揚和批評都是監控的工具，使我們能夠快速地進行調整。順暢和諧的意見反饋對於企業的日常運轉有著至關重要的意義，這也是網路一代必不可少的組成部份，因為他們已經習慣了快速反饋。人們在玩電腦遊戲時，取得成績後立刻就會得到獎勵：狀態更新、升級、獎金和獎勵點數。鞏特・杜特寫道：「我們剛剛測驗了一款羅塞塔石碑超級語言學習軟體，鼓勵的呼聲就像雪片一樣紛至沓來。」臉書網的點讚也有著類似的效果。每一次「點讚」就像一次虛擬的拍肩膀讚許。善惡對決式的電腦遊戲呈現出一種「史詩般的勝利」，也就是以史詩的規模呈現的勝利，同時也創造了一種「史詩般的興奮」，像英雄一樣拯救世界免於毀滅。社群網路和電子設備顯然都是完美的訊息反饋者，所以也會讓人們上癮。

年輕的員工期待公司也能像電腦遊戲一樣給予他們即刻的滿足，盡快提供一切。「我想要知道我的點數，馬上！」「表揚和批評？多棒啊！」千禧一代就是這樣通過反饋意見摸索前進。遊戲玩家已經慣了犯錯誤，他們會在自己的社群中溝通意見。遊戲結束？沒關係，再來一次！電腦立刻會顯示出即時的得分。在這種情景中等待年終談話的反饋意見？真是要命啊！如今已經沒有其他選擇了，只能立刻反饋意見！

我們已經聽到很多反饋意見的積極方面，認可、賞識和即時的表揚。但偶爾還是會出現不好的事情。按照一致性的原則，我們也要對此發表意見。該怎麼辦呢？我們一起看一下。

哇哦，出錯啦！

谷歌公司的員工可以獲得一項特殊的獎勵，活動的要求就是：「想出一個徹底失敗的計劃。」谷歌成功的根本原則就是「開始多、投入小、發現早」。嘗試很多投資小的計劃，及早發現問題：這一原則與主導創新相聯繫，在網路創造出一種秩序，一家具有廣闊視野的小公司在幾年的時間裡就飛速發展為世界級的頂尖企業。

「每個陶器作坊都有碎片。」這條埃及諺語說得很好，因為只有一潭死水的地方才會保證不出錯。學習型組織的先驅彼得・聖吉（Peter Senge）解釋說：「錯誤的重大作用是將會給你帶來好處。」

人們在學習的過程中根本就不能避免錯誤，因此，企業需要一種從錯誤中汲取教訓的文化。企業需要能夠有建設性地展開錯誤反饋談話的領導者。主管需要在會議議程上加入這一點：「我的哪些教訓是大家可以避免的。」這種做法非常受歡迎，因為這會促使大家自然而然地思考那些「不可言說」的事情。計劃團隊需要考慮徹底失敗的可能性，並將其作為一種可能出現的情況。如果這種假設的嚴重事故真的出現了，人們至少應該有所準備，畢竟避免錯誤的出現才是根本目的。

唯一不能原諒的錯誤就是故意犯錯和粗心大意，否則只有第二次犯的錯誤才能算作錯誤。「每個人都可以犯錯誤，只是不能給公司帶來損失。」這應該成為每個公司的指導思想。如果沒有正確處理錯誤，可能會同時引起五個方面的成本提高：

犯一次錯誤沒問題，但是不能容忍故意犯錯和粗心大意。

- 耗費在錯誤成績上的費用

- 消除錯誤所必需的費用
- 失望的客戶離開造成之營業額損失
- 消極宣傳造成的營業額損失
- 不良聲譽造成的信任損失

因此需要發展一種從錯誤中汲取教訓且積極有效的方法。人們需要盡快地發現錯誤，舉報錯誤，消除弊端，彌補客戶可能存在的失望，然後一起討論今後如何避免錯誤出現。領導者是唯一能夠正確引導這一過程的人。你可以通過以下方式推動這一過程：

- 要求員工發現問題時第一個通知你。
- 要求員工反駁你，並公開讚賞他們的做法。
- 特別感謝那些承認錯誤或者將問題報告給你的員工。
- 如果有人對你刻意隱瞞，掩飾錯誤，粉飾報告或者故意說謊，你要表達出你的反感。

你也要捫心自問，哪些企業結構和措施是造成員工失敗的罪魁禍首。人們喜歡將錯誤算到個人的頭上。如果「胡博先生」或者「米勒女士」負有責任，那麼整個公司就不會從中吸取教訓。你也要尋找錯誤帶來的衝突。汽車工業的生產線上有一種所謂的「開傘索」，如果打開開傘索，整個生產就會停下來，這樣可以避免可能出現的失誤。老員工教給新人的第一件事就是「千萬不要拉開傘索」，因為這會給整個生產線帶來損失。

積極的錯誤管理意味著記錄下錯誤及其解決辦法，讓那些需要從中學習的人看到這些記錄，然後進行統計評估。那麼每個團隊成員就（很有可能）只會犯一次這個錯誤，而且人們也不需要一再地改正錯誤。德國作家庫爾特・圖霍夫斯基（Kurt Tucholsky）曾說過：「愚蠢的人和失敗的人的區別就在於，愚蠢的人反覆犯相同的錯誤，失敗的人總是犯新錯誤。」

不要再去尋找犯錯誤的人了。只有這樣人們才不會去做花時間費力氣的辯解，而且這麼做也沒有任何意義。經理人戴特萊夫・洛曼寫道：「不是由某個人承擔錯誤的責任，也就是說人們不追究錯誤的責任，或者根本不提責任的問題，只有這樣人們才能找到犯錯的原因，認真考慮解決辦法。」這也意味著員工從過錯中解脫出來了。這明確表示，沒有人需要為某一情況承擔責任，緊張的大腦又可以放鬆下來集中精力向前看了。

針對錯誤展開討論

員工們不願意在溝通中討論犯錯的原因，很多老闆也都不想提起這件事。他們擔心這樣的談話會引起員工過激的反應，所以遲遲不願和員工談話。如果員工在談話過程中不停地哭，或者厚著臉皮否認，甚至採取抗拒的態度，老闆就很難將談話繼續下去。還有一些主管擔心員工不再愛戴自己，或者害怕自己受到員工的批評。

如果公司沒有得到想要的結果，或者不斷出錯，員工們都期望老闆能夠清楚地表達自己的意見，並且堅定地採取行動。員工們想要知道老闆對自己工作的態度，他們也必須瞭解這些情況。坦率真誠的反饋意見是領導者能給予員工最寶貴的禮物。刻意含混不清地遮掩員工的工作成績會造成嚴重的後果。淤積的不滿會增加員工的壓力，而長期的壓力會對健康造成危害，客觀公正的談話就像雷陣雨一樣帶來清新的空氣。

如果你沒有對員工進行有根據的批評，那麼你就剝奪了他們發展成長的機會。事實上，批判性的談話可以促進員工的成長。談話的方向起著決定性作用：不要關注過去，而要著眼於未來。如果談話總是提到過去，那就只能詳細地列舉種種過失，這會引起對方的羞恥、震驚、抗拒和逃避。這種談話的結果就是：談話者試圖扮演被害者的角色，不停地尋找借口，假裝無助來博取同情，對方則企圖掩蓋事實真相，拒絕承擔責任，努力尋找替罪羊。這種針對「過去反饋」的討論沒有意義，你不能指望它來提高認識，取得進步。

「未來反饋」則完全不同。通過這種形式，人們可以共同努力達到理想目標，實現提高的目的。某些事情並非始終一帆風順，有時也會出現嚴重的失誤，這種情況雖然讓人很沮喪，卻是事實。人們也可以換一種說法來定義錯誤：初期階段的問題、機遇、提出的願望、事實、修正模式、學習範圍、測試階段、挫折、薄弱環節、初始階段的錯誤、疏忽、不順利、首次嘗試。

錯誤過後就要盡快讓工作駛入正軌。員工應該自己尋找正確的道路。你最好給出提議，而不是規定；最好是啟發，而不是建議。沒有比在錯誤的時間像老師一樣賣弄學問更糟糕的事情了，不斷強調自己會做得多麼出色的老闆也會讓人厭煩。如果你在談話中沒有斥責貶低員工，而是不斷細心地培養他們，這不僅會幫助他們建立自尊心，還有助於他們形成批判性的自我評價。

如果你不確定應該如何與某個員工開展這種談話，不妨在討論期望值的談話中問問他，他希望如何針對問題和批評開展溝通。如果你已經清楚地說明了情況，就可以客觀地採取相應措施，而且那種討論錯誤的談話開始時的尷尬就永遠不會出現了。

每個人都希望得到富有啟發的反饋意見，沒有人願意聽到斥責的反饋。因此在總結經驗教訓的談話中，「提問方式」非常重要。「批評需要愛」說起來很好聽，但人們感興趣的只有兩個問題：我們能從中學到什麼？我們在未來如何改善？你一定要避免「為什麼」的問題！因為替自己辯解的人就已經失去了行為能力。受到嘲笑或者丟面子的人會心生怨恨，籌劃報仇。擔心受到羞辱和批評的心情無非就是害怕失去人們的喜愛。我們的大腦記錄社會否認與記錄身體疼痛的區域相同。言語的羞辱也會讓我們感受到切膚之痛。大腦中的疼痛訊息永遠具有優先權。

要求員工給出反饋意見之前，你需要考慮一下談話的過程，記下要點及一些適當的表達方式。你需要確定一個最高談話目標和最低目標。如果談話對像在溝通結束時向你真誠地道謝，那麼你就是獲取反饋意見的高手了。

員工評估

不斷發展的數位化幾乎席捲了所有的領域，也為員工評估的形式提供了新的可能性。將遊戲元素納入員工評估成為大勢所趨。員工業績不僅可以藉口頭和書面形式進行評估，還可以經由分析式的評估體系進行評分，並可在線上制定出一份發展計劃。線上方式也像虛擬世界一樣建立評估模式，利用星級、點數和等級等手段。應該怎樣引入這種評估方式呢？問問網路原住民就知道了。讓他們設計一個方案。

未來一定要對員工的能力和表現進行評估。數位一代的員工也會要求公司對其評估，因為評估結果是聲譽構建的基礎。這些評估的結果也愈來愈公開化，因為這些結果會增加員工的聲望，對他們的市場價值產生重要影響。

ABC分類法

傳統的評估工具早已有之。最近，一系列公司決定將自己的員工分為A，B，C三個類別。這一方式最初源自奇異電氣前任首席執行長傑克・威爾許（John Francis "Jack" Welch, Jr.）。這位傳奇的實業家也極具爭議，他聲稱利潤最大化是企業的最高目標。在他的理念中，A代表優秀員工，C則是表現不佳的員工，他們的薪資「應該被看做饋贈」。我認為這種分類不僅是簡單無禮，甚至是不可靠。這種分類鼓勵員工之間相互競爭，而不是共同努力實現最高目標。管理者在很大程度上受傳統等級觀念的影響，將員工當做管理的棋子。

> ABC分析可能適合產品銷量，但不適用於員工評估。

我們幾乎無法擺脫透過有色眼鏡看待他人的局限，這也是非常危險的習慣。在這種情況下，人們認為C類員工只能做出C類成績。人們在潛意識中或多或少地以C類員工的標準處理這些成績，結果就是擴大了C類的比例。很多研究表明，人們很快就會按照別人給他們貼的標籤行為處事。落入C等級的人必須付出極大的努力才能擺脫這一身份。但是人們也要看到，如果換個職位、換個團隊或者換個公司，同一個人就突然變成一個A類員工了。

一家企業中肯定有老闆的親信，人們通常會過份地高估他們的能力。我們都清楚，弱勢的領導者很可能將被評估的員工都定位為中等，這種做法就會將優秀員工降級，而提升較差的員工，縮小員工之間的差距。

另外，很多領導者幾乎不會考慮員工的行為。他們的領導方式非常糟糕，員工們很快就會落到C等級。他們也可能聘任了不適合的員工，或者將新人安排到錯誤的職位或錯誤的團隊。他們提出的要求可能太高或太低。公司可能根本就不具備提高生產水準的條件，或者企業的整體環境很差。領導者應該經常靜下心來想一想，是不是自己太心急了，而不是將責任推到所謂的表現不佳的員工身上。多一點自省對很多領導者都有好處。

企業當然存在能力不佳的員工、偷懶耍滑的員工，以及不能與團隊成員和諧相處的員工。有的員工雖然有能力，但是沒有創造成績的意願，有的員工卻正好相反。此外，這種ABC的簡單分類還會引發另一種危險：成功者的窘境。首先，A類員工到達了公司的頂端，他們在這家公司就沒有上升的空間了。其次，如果站在頂端的人摔下來，後果會特別嚴重，所以保守行事似乎是明智之舉。失敗最終會讓他們失去已有的一切。他們擔心失敗，所以在很多情況下就不會接受新的挑戰。

心理醫生薩拉·狄隆（Sara DeLong）和哈佛商學院教授湯馬斯·狄隆（Thomas J. DeLong）曾經說過：「正是這些關注業績的員工寧願將錯誤的事情做好，也不願將正確的事情做錯。他們通常不願意承認自己的力不從心，甚至會拒絕求助，即使他們非常需要幫助。」沒有哪一個胸懷抱負的人希望遭受挫折。所以他們最好按兵不動，或者讓別人去承擔責任。

合理化的員工評估

不管人們願不願意，每個組織都需要一種員工評估方式來區分良莠。評估應該採取相同的標準。最重要的是，這些評估標準會為升職加薪提供決定性的依據。而且，評估結束之後，人們可以客觀地解釋必要時需要開除哪些員工。為了保持「激勵—可以接受—失望」模式的連貫性，我建議按照以下類別進行劃分：

- 積極主動、表現超常的員工
- 表現差強人意的員工
- 表現低於平均水準的員工

積極的員工在行為和態度上都有超常的良好表現，仍然具有上升的空間。他們積極性高漲，專業能力遠超其他同事。他們對自己的工作負責任，經常產生新的想法，對企業的成功做出重大貢獻。差強人意的員工則表現出平均水準。在專業和／或者人際關係上讓人失望的員工能力（遠遠）低於平均水準。

我們可以通過九宮格矩陣的形式展現評估結果，縱軸和橫軸分別表示能力和意願（見圖十六）。通過一系列針對某一職位要求的標準來定義能力。意願主要包括態度和個人的積極性。矩陣的縱軸和橫軸分別劃分為從〇到十的等級，即使在較高的範圍內仍然可以向其他方向繼續發展。「優異的成績也仍然可以更進一步」，這可以鼓勵頂尖人才繼續努力。除領導者之外，每個員工也可以為自己評分。如果出現較大分歧，雙方應該進行討論。

領導者必須注意，即使是擁有最強意志力的人也不能徹底擺脫自己的感情。人們始終會按照自己的喜好來看待他人。除偏好因素以外，期待是另一個影響因素。所以每一次評估的結果都會帶有積極或消極的情感渲染。為了避免這種情況的發生，可以通過公正意識以及下面的問題來進行自我監督：「一個中立的觀察者會如何評價？」「公正」不意味著「相同」，而是根據具體情景和具體的人進行判斷。

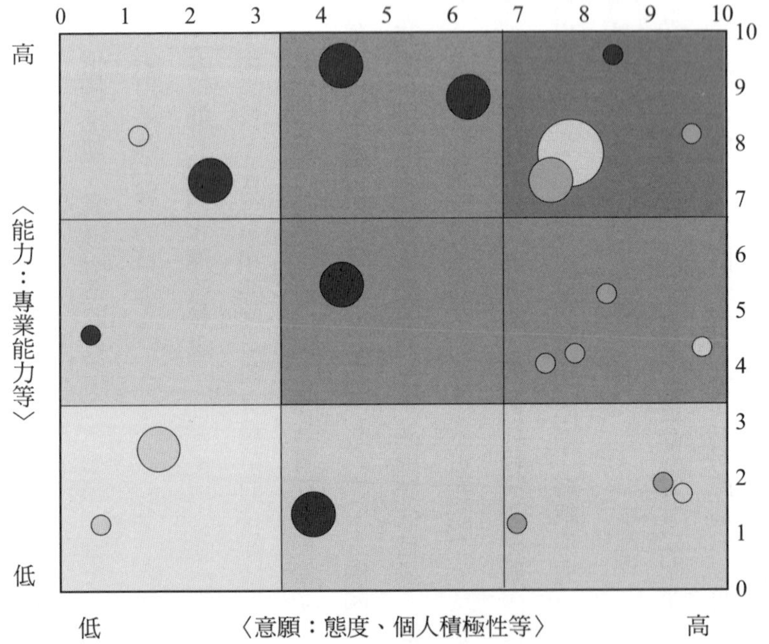

圖十六　建立在能力和意願基礎上針對不同員工成績評估的九宮格矩陣圖

（圓圈的大小及不同的灰度可以表現其他標準）

如果評估缺乏公正，人們的大腦就會產生厭惡的情緒。正因為如此，有些人會對糟糕的老闆表現出厭惡之情。

這個模式當然也可以反向進行。在這種情況下，領導者首先進行自我評估，然後再由員工對他進行評估。在企業文化不夠堅實的情況下，這種評估最好以匿名方式進行。這時需要事先確定兩方面的標準。主觀性和「舊賬」當然也是一個主題。但是如果員工人數較多，這種方式的局限性就會顯露出來。如果某人的評估分數很低，那麼就應該立即免除他的主管職務。必要情況下可以保留他的薪資，但重要的是不能讓他繼續給公司造成損失。

三百六十度意見反饋是一種涉及面很廣的評估手段，除員工以外，其他的領導者和外部人員也會被納入評估範圍，我在《觸點》這本書中做過詳細解釋。我本人對此持懷疑態度。這種評估的行政流程成本極高，而且評估者個人的利益始終會摻雜其中。

下面還要提到一點：剛剛提到的職位要求應該盡可能符合每一位員工的能力和意願，而不是讓員工去適應工作。因為沒有模式化的人！如果你認可這一理念，那麼就要像玩拼圖一樣組建團隊，兩塊拼圖應該相互銜接。因此我建議你最好在員工實習期間通過潛力談話和期望值談話向他們提出以下問題：

- 你特別喜歡哪些工作？
- 你還願意承擔哪些任務？
- 你不願意做哪些工作？

如果你的員工能夠做他們最擅長，也最願意做的工作，那麼你一定會得到最優異的業績。

設立觸點經理人

我在這本書中首次提到觸點經理人這一新職業。他們是組織、員工和領導者之間的連接點，負責企業文化的相關主題以及提升員工的幸福感。他們關心員工的身體、精神和靈魂的健康，使員工們保持最佳精神狀態。這一工作既包含戰略性因素，也具有實際操作的要求。因此，這個工作就不只是安撫員工那麼簡單了。在人才稀缺和社群媒體當道的時代，觸點經理人對企業的未來發揮著決定性作用。內部觸點經理人還需要對應的外部觸點經理人，他們都需要公司主管的絕對支持，因為這條路注定崎嶇不平，他們不可能永遠和朋友打交道。他們代表員工的利益，必然需要揭露弊端。

內部觸點經理人是員工們的支持者，也是企業主管與員工之間的中立連接環節。他們可能的工作領域包括：

- 辦公室組織與辦公室生活
- 員工活動和社會項目
- 體育活動和健康項目
- 推動員工問卷調查的開展
- 預防員工頻繁流動
- 參與員工選拔
- 指導員工的任職和離職
- 辭職面談和關照離職員工
- 維護僱主評價網站
- 投訴信箱、張老師、調解人員
- 企業內部創意管理
- 主持內部觸點計劃
- 促成企業內部跨部門的網路化進程

觸點經理人的最初形式是「正能量經理人」（Feelgood-Manager）。這一工作受到資訊科技行業的特別推崇。例如瑪格達萊納・貝特格是Jimdo網頁製作公司的正能量經理人。她引入了「積極記事本」

和「消極記事本」的理念，Jimdo的員工可以寫下表揚和批評意見。他們將每週的團隊討論會稱為「團隊焊接」，她會在討論會上公佈這些意見。員工們通過這種方式瞭解企業面臨的問題以及好消息。施蒂凡尼・豪依斯勒是線上供貨商Spreadshirt的正能量經理人。她發起了「蒙眼午餐」活動，將幾個人按照手頭的工作、能力和興趣進行配對，邀請他們共進午餐。

人們有時會問我：「難道這些計劃不會讓員工們放縱懶散嗎？」是的，存在這種風險，如果事先安排良好的面試環節進行篩選，就只有百分之一的風險可能性。你真的會因為百分之一的害群之馬讓百分之九十九的員工忍饑挨餓嗎？

全員參與觸點計劃

如果你希望員工按照公司的思維行事，那首先要引導他們學習公司的思維模式。只要不涉及領導者個人的事情，那麼內部觸點優化就基本上應該由員工共同完成。如果他們自願說出打算如何處理這些事情，就可以最大限度確保他們的「意願」。

將員工轉變為共同構建者，乍一看好像是多餘的工作。但是我們最好為此花一些時間，因為這種方式不僅會讓工作更貼近實際、內容更豐富，也能讓員工更積極地投入工作，他們也會表現出對工作的熱情。因為這個工作不是主管指派的，而是由他們獨立承辦的。這種做法的優勢體現在以下方面：

讓你的員工成為參與者——這麼做是值得的。

- 因為系統地聽取員工意見和專家建議，同時匯集了各方面的想法和適當的參與者的積極努力，所以做出的決定具有廣泛的基礎。
- 跨等級、跨部門的諮詢創造了一種尊重、透明、信任與合作的文化。這還增強了人們對他人工作的理解。
- 所有的參與者可以相互學習，因此公司內部的知識和能力會不斷增加。每一個參與者都集教學者和學習者於一身。
- 參與的員工感覺更好，工作樂趣也有所提升。他們表現出更多的責任感，也會取得更大的成績。
- 如果人們將自己看做決策過程的一分子，那麼在必要情況下也意願承擔棘手決策的責任。

為了使員工積極參與，充分開發他們的創造力，觸點管理可以從以下三方面出發：(1)內部觸點計劃；(2)在單一觸點逐步開展工作；(3)大型觸點群組活動。下面我們詳細解釋這三種方式。

內部觸點計劃

你想要在整個公司範圍推行觸點管理？在這種情況下，你需要推行一個計劃。而且不論你願不願意，這樣的計劃會不斷擴大，其本身就是一種不斷變化的工作模式。很多相關文獻都會介紹計劃工作的基本原則。因此我在這裡只想就觸點管理介紹幾個基本的組織步驟：

- 招聘計劃負責人
- 組建計劃團隊
- 定義計劃目標

- 確定組織參數
- 與各方面進行溝通

首先需要聘請一位計劃負責人，他可以是門外漢，也可以是觸點經理人。這樣做有什麼好處呢？如果負責人對計劃內容一無所知，這就迫使他與團隊成員進行深入溝通，他也會提出一些「愚蠢」問題。這樣的對話會使聯繫更加清晰，參與者的基礎知識也可以重新串聯起來，同時等級差別也會逐漸消失。這樣通常會促成新的、勇敢的創新想法。

為了克服企業的盲目性，人們會邀請外部人員作為中立的主持人，這種做法可能會在短時間內起作用。但我絕不建議你完全委託外部人員來主持這樣的分析活動。因為最重要的是參與員工的接受以及百分之百適合公司的活動方式。

應該根據任務分配來組建計劃團隊。人們最好充分考慮成員的多樣性，做到新老員工、老中青員工，以及男女員工的合理搭配。安妮塔・伍莉（Anita Woolley）是匹茲堡卡內基美隆大學的教授，她透過研究發現，如果團隊至少有兩名女性成員，那麼這個團隊的群體智慧就會得到提升。如果團隊所有成員都是女性，那麼情況則會發生變化。她在《哈佛商業經理人》雜誌的文章中介紹，如果團隊成員都是非常聰明的主導型人才，那麼這個團隊也算不上最佳團隊。因為發言人掌握發言的權力，這些人不一定會找到最好的辦法。

為了擺脫主觀思維和本位主義的自私想法，在未來順利地實現合作，你一定要邀請各部門的同事參加。選一個合適的計劃時間點，邀請其他公司的相關專家及客戶參加，他們會帶來全新的想法和反饋意見。

還要注意，一個計劃的過程總是分為兩個階段：創意階段和實施階段。兩個階段需要不同類型的員工。我們在創意過程中需要顛覆型的思想者、有想像力的人、摧毀者和打破規則的人。他們會帶來有創意的想法，推動計劃向前發展。他們會提出不合情理的問題，想別人不敢想的事情，勾勒出最美麗的空中樓閣。人們在這個階段一定要有足夠的瘋狂想法。

在第二階段就要回到現實，關注真正可行的想法，因此需要改變團隊的人員構成。實施階段建立在很高的可行性基礎上，因此需要另一種類型的員工：關注細節的人。我把這類員工稱為「鉤子」，前一種員工稱為「搭扣」。搭扣是開放的，將所有的新事物都看成是機會的天堂，而鉤子則認為到處都是困難和潛在的風險。如果我們過早地將鉤子納入團隊，他們就會形成阻礙，將每一個「瘋狂的」想法扼殺在萌芽中。理想的狀態是鉤子和搭扣相互配合。

領導者應該參與所有的觸點計劃。你需要定期匯總一份計劃報告，然後提交公司高層，還要在公司內部媒體上積極介紹計劃。你要在計劃開始階段就準備好必要的預算。我看到過觸點計劃失敗的案例，原因就是最後缺乏資金。另一方面，也有計劃敗在過高的資金投入上。那麼首先要考慮的就是管理和預算，要充份地「利用大腦而不是預算」，花小錢通常會得到最好的想法。

觸點素描畫

如果涉及較大的觸點計劃，那麼有必要先繪製一幅素描畫，它會告訴你員工眼中的實際狀況。當然只有在「相關人員」能夠親自參與計劃的情況下，計劃才能實現。整個計劃可以展現為一次旅行，告訴人們在每一個階段目標中的所有體驗。這樣的員工旅行（協作觸點旅程）可以選擇以下標題：

- 一位應徵者在公司招聘過程中的典型經歷
- 新員工在公司的最初幾天
- 員工離職的過程

這種方式可以形象地展現每個觸點的運作轉流程，不僅可以使用文字，還可以用圖畫和黏貼的方式。最好貼出精心選擇的故事和有代表性的員工看法。我們可以將材料分解為不同的組成部份，按照加分點和減分點分別記錄。應做的事情和不應做的事情可以放在後面，藉由塗鴉板和視頻的形式進行記錄（見圖十七）。

所有內容可以按照時間順序展現在塗鴉板上，以一名員工「旅行」的形式緊密聯繫在一起。具體內容可以在計劃的後續過程中加入這個員工的部門展示，這樣既可以記錄員工的進步，也可以展現出該部門與其他部門的連接點。此外，還可以利用聯網的多媒體展示牆，滑動指尖就可以瀏覽。

在視覺展示之後要按照優先原則制定一份需要探討的觸點名錄。瞭解實際情況後，人們需要定義理想的或者必要的期望結果，並確定需要採取的措施計劃，然後

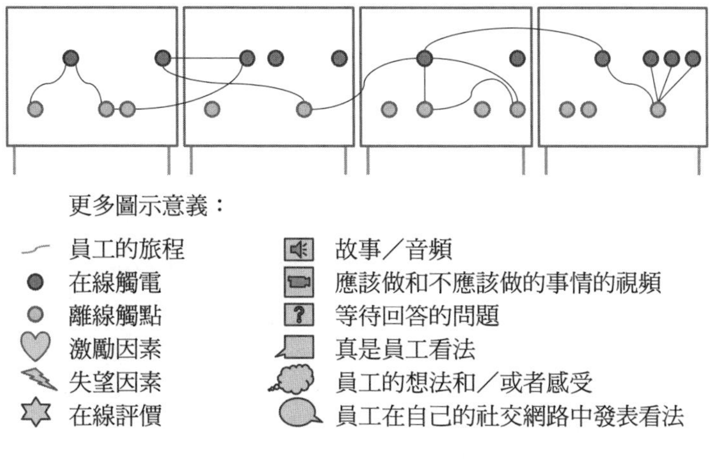

圖十七　在給定時間段內的典型「員工旅程」，記錄詳細，以塗鴉板形式展示出來

按照計劃執行。接下來要按照適當的標準檢測並記錄結果，並且研究優化措施。

優化單個觸點

為了使觸點優化盡可能地反映現實，人們最好選擇一個單獨的觸點作為開始：理想的對象是一個可以快速展開工作的觸點，這樣可以順利地取得成效。人們也可以從員工們急切需要改善的觸點著手。下面的問題最初由美國銀行家弗農・希爾（Vernon Hill）提出，可以作為理想的出發點：

殺死愚蠢的規則！我們應該盡快擺脫哪些無聊的標準和愚笨的行政規定？

為了盡快使一個特殊的觸點成為卓越的典範，下面的問題是最好的辦法：

我們就這個題目能想到的最好想法是什麼？

一定要準確提出這個問題，否則按照我的經驗只能得到含混不清的答案。極端的答案中隱藏著最大的創新，而平庸的想法只能產生平均水準的結果。

如果你將觸點優化列入會議的議事日程，那麼就可以不斷地改善現狀。你首先要確定第一次會議和第一個觸點，然後就可以順著進行下去。你可以在會議結束時確定下一次會議研究的觸點，員工們可以事先做準備。要控制時間，確定一個觸點最多可以投入多長時間，這樣就可以避免討論無限期地延長，

例如以三十分鐘為限。具體來說可以這麼做：（表八）

三十分鐘的時間並不長，但是集中研究討論也能獲得很多成果。一位年長的主管曾對我說：「我的員工做不到這些。」不，他們可以。只是主管的存在總是在阻礙這一過程。的確，主管的決定經常會使有價值的想法陷於停頓。主管當然有否決權，但只能在特殊情況下使用，否則只能給自己培養出一群吵鬧的小孩子，毫無見解地等待他的指示。

大型觸點群組活動

為了達到優化企業觸點的目的，我現在幾乎只推薦人們採取大型觸點群組活動的形式。長時間的實踐，和顧問在安靜的辦公室研究方案，然後從上至下強迫員工接受，這樣的方式不僅會讓員工興味索然，更會使整個活動以失敗告終。只有在員工中產生一種心理學家口中的「不滿意的自我」，他們才會變得更有責任感和主動性。約翰・麥寫道：「員工不會因為老闆的願望就改變自己的行為，只會因為自己的意願而改變。」另外，很多因為個人關係聯繫在一起的員工可以使長時間被埋沒的想法重見天日，也能發展出符合實際情況的方案。只有多練習，才能獲得最後的成功。

表八

五分鐘	描述一個讓人無法忍受的現狀，最好用講故事的方式。員工可以講述在某一個觸點所經歷、讓人不快的事情，有什麼問題，帶來什麼後果。
五分鐘	收集大家的想法，應該如何優化這一觸點，以及未來如何避免這種不快。這時先要獲得大量的想法。員工們在這一階段應該保持安靜，保證他們的思考不受影響。他們可以將自己的想法寫在小卡片上，然後黏到牆上。
十分鐘	寫小卡片的人簡短介紹自己的想法。接下來簡要討論。
五分鐘	按照多數原則選擇大家都認可的想法。領導者在這一過程中保持沉默。為什麼？為了獲得眾人的智慧。
五分鐘	制定措施。即：什麼樣的人員組成，到什麼時候，做什麼事情。還要確定討論結果的日期，措施的進行結果如何，是否需要微調，取得了什麼樣的成果。

新的觀點、新的聯繫、新的關係和交流網路紛紛產生，似乎一下子就佔據了整個組織。探索共同未來的努力將所有人緊密聯繫在一起。系統組織發展培訓師魯特・賽里格說過：「共同體驗決策和計劃過程的經歷一般會持續很長時間。」人們會主動產生將其實現的慾望。而通過傳統方式宣佈的決定始終非常僵化，員工只是不得不執行。

探索共同未來的努力將所有人緊密聯繫在一起。

大型觸點群組活動有助於實現我們的目的。我們可以召集五十至一百名員工，在一天的時間內有組織地研究相關問題。這一活動不僅包括領導階層，對普通員工也非常有效，這些員工可以系統地接受企業思維。按照我的經驗，大型觸點群組活動最好以跨等級、跨部門的形式進行。下面介紹一下我曾經領導過的這類活動的流程。

逐步開展的流程

開放空間（Open Space）和世界咖啡館（World-Cafe）都是傳統的大型觸點群組活動形式，其特點是員工在沒有任何外部訊息的情況下開展活動，在一定程度上深入探索自己的想法。大多數情況下，人們把已經開展的研究問題拿出來討論，然後繼續深入發展，很少會產生真有創意的想法，因為群體的趨勢是「趨同」。這一過程通常持續幾天，人們很少會在現場做出具體的決定。這種方式可能針對個別情況有效果，但不適用於觸點管理體系。

觸點活動的日程安排非常緊密，會產生非常成熟的、可以付諸實施的方案。最理想的方式是當場由小組表決通過，然後立刻開始進行，而不用通過委員會表決。此外，還可以在活動開始前以動員報告的形式鼓勵創新，鼓勵突破局限，支持人們「瘋狂的」觀點，這樣參與者就會突破已有的局限，產生新的想法。尤其是堅決反對的聲音逐漸退卻的時候，「外部的先知」就會開始發揮作用。

例如，作為局外人的我，在上午就相關問題做了三四個小時的動員報告，我在與一位員工的簡要談話中想到了這些題目。動員報告囊括了下午繼續深入探討的所有方面，我將自己看做這位言簡意賅地表達自己想法的員工的代言人。同時也將自己看做一個想法奇怪的人，這個人帶來了新的觀點，闡述了心理學背景，解釋了這個專業最好的一面，也提醒人們可能面對的失敗和彎路，還談到了讓人不悅的事實。這個角色只能由局外人來擔當。雖然公司急需這種想法怪異的人，也公開表達了這種願望，但是這一角色對於公司內部人員還是太危險了，因為這會危及個人的職業陞遷。因此，公司應該聘請外部人員來扮演這一角色，這也會支持公司內部人員的奇思妙想。

參與人員在下午以小組形式展開討論。每個小組最好由五六名員工組成，小組成員應該處於相同等級，但分屬不同部門。如果參與人員分屬不同等級，那麼領導者應該自己組成一個小組。等級會阻礙工作流程，監視也會扼殺創造性。只有在無外人在場的情況下，員工才能毫無顧忌、勇敢地討論那些不合情理的想法。而且只有在沒有權威的環境中，人們才會放心地公開那些非常尷尬的話題。每張桌子上都有一個事先準備好的任務：由這個小組制定具體方案的觸點話題。每個小組都備有黑板和展示工具。

參與者的任務並不是填寫卡片，而是制定一個具體的企劃方案，在細節上非常完備，最好可以立即進行。參與者至少有九十分鐘時間準備。為了取得最佳效果，最後得到一份具有可行性的企劃方案，有必要對參與者給予充分的指導。最好將與任務相對應的七個步驟寫到黑板上：

大型觸點群組活動的七個步驟：

- 描述目前的實際狀況
- 定義理想的期望目標
- 制定一份具體的措施計劃
- 確定時間表和相關責任
- 計算出必要的預算
- 確定成果監督的評估手段
- 存儲其他（瘋狂）想法

活動主持人首先要監督各個小組不能在實際狀況討論階段耽誤太長時間，最多佔用十分鐘。如果參與者不停地訴苦和抱怨，或者著迷於過去的恐怖故事，他們很快就會忘記原本的目的是要為更好的未來制定方案。目前的實際狀況可以按照從〇到十的等級評分。人們還可以為措施的進行情況建立評分等級。每個小組需要委派一名發言人介紹討論成果。可以通過黑板或者投影機的形式進行展示，這樣所有人都能看清楚。

每次演示之後都要安排一個簡短的提問和擴展環節。人們可以通過豎拇指的方法進行初步投票，然後按照事先規定的多數原則決定具體實施哪個方案。多數票至少要獲得百分之五十以上支持，但不能是全票支持，這樣人們就可以勇敢的作出決定，而不是陷入平均化的一致性。領導者絕對不能第一個表態，最多做一個總結發言。他只能補充參與者沒有提到，但又是至關重要的方面。我組織過很多次這樣的群組活動，很多領導階層提出的計劃內容都是由員工獨立提出並修改完成的，這總能讓我感到驚訝。領導階層看到員工中蘊藏著這麼多創意，他們也覺得非常振奮。

如何確保實施

人們將通過的決定以計劃措施的形式加以確定，並在活動結束後逐步進行。如果涉及的問題特別複雜，或者決定需要的當事人沒有參加活動，那麼應該在活動結束後立即著手繼續研究。為了向其他人展示小組研究的成果，人們可以隨時對研究成果進行修改補充。可以錄製事先和事後的視頻，採訪員工（和客戶），或者將期望標準附在成果後面。人們還可以在內部部落格上繼續討論整體的想法，進行補充和豐富。

無論以何種方式繼續討論，你都要在活動過程中做出具體的決定，並且立即進行。首要的就是慶祝成功，這可以使協作精神傳播到公司的各個角落。對於參與者來說，沒有什麼比絞盡腦汁想出的方案無聲無息地消失更讓人沮喪的了；其他人對自己的方案不感興趣也很讓人洩氣。我參加過一些討論會，領導階層會保留最後的意見，然後推遲所有的決定，或者強調要遵守正常的流程。最終卻沒有任何結果！

最終通過的措施並不是要求人們死板執行的教條。人們應該根據實際情況進行調整，靈活地遵守規定。在必要情況下也要對通過的決定進行調整，但這需要和員工協商。當然不可能將所有問題都放在公司內部廣泛地討論，人們需要快速地展開行動。還要清楚地解釋，什麼事情沒有商量的餘地。公司主管獨自決定的事情必須有合適的理由。我們的大腦如果沒有接收到解釋，就會用想像來填補空白，將事情對號入座。猜想和謠言有時會造成嚴重的後果。雖然人們總是希望得到最好的結果，但更擔心出現最壞的結果，所以人們經常因為擔心而什麼都不做。

觸點群組網路研討會

身為作家和知名部落客的古納爾・索恩認為：「管理階層中的『領帶派』開始在網路研討會上穿著Polo衫和休閒鞋，有意表現自己的休閒風格，但他們還沒有開始接觸網路2.0。」他以自己特有的方式說道：「親愛的經濟痛風患者應該嘗試一下網路研討會的組織形式，參與者可以自行決定會議日程。」我已經與一系列企業進行合作組織了這樣的研討會。

這種活動形式有時也被稱為非會議，其特點就是暢通的知識交流和自由的形式。人們通過表決確定會議討論的議題。參與者喜歡被稱為貢獻者，每一位參與者既是倡議的提出者，也是饒有興趣的傾聽者。投入的價值越高，建設性越強，產出的價值就越大。與會者的積極性高漲，全心全意地投入討論，同時還會產生出色的新想法，更主要的是清除了等級差別和部門局限這兩大發展的障礙。對於領導者來說，這首先意味著喪失監管。很多人獲得了權力並承擔責任，這將使結果產生不確定性。但是總體看來，機遇遠大於風險，因為根據我的經驗，參與者會非常小心地對待這種信任。

> 做貢獻者而不是索取者，人們全身心地投入網路研討會。

這種活動通常會在上午安排一個動員報告，其中包括一系列互動元素。參與者在下午提出一些自己感興趣的議題，然後根據議題自行分組。如果人們對某一議題特別感興趣，也可以就一個題目組成兩到三個小組，最後會出現不同的結果。這麼做的好處是人們有更大的選擇餘地。為了獲得最大的產出和具有可行性的方案，工作小組應該盡力簡化結構：

- 簡要介紹實際情況和期望目標
- 制定一份包含時間表、預算和監控手段的計劃表
- 通過演示介紹設計的方案
- 確定一位或者幾位發言人
- 討論演示的方式

除固定成員外，某一議題和某一小組還有所謂的「蝴蝶」，他們從一個小組「飛到」另一個小組，從其他小組帶來不同的想法、批判性意見和建議。

最終擬出的方案需要以範本形式固定下來，這樣就能以視覺化的方式呈現，而且不會漏掉任何內容。那些非常有創意，但在這次活動中不能實施的想法也應收集起來。這一階段結束後可以安排一個較長時間的休息，給那些還在認真討論的人一個緩衝的時間。小組發言人也可以在這段時間準備接下來要做的演示。

接下來的演示通常以全體大會的形式進行，也可以採取揭幕的方式。這種方式需要設置一些展示板，觀眾以小組形式參觀並聽取講解。最後，工作小組也可以錄製一段影像或者排演一段戲劇。戲劇是一種很有趣的形式，例如，人們可以模擬一位第一天上班的新員工，從他的角度感受他的經歷。如果做

得好，這會給觀眾帶來很多表演的享受。

如果有可能，參與者可以直接在現場決定是否立刻進行這些方案。在結束儀式上，所有參與者共同確定委託生效。人們可以通過傳遞接力棒（話筒）的形式聽取其他人對這一過程和結果的意見。在企業內部社群網路上繼續討論相關話題，這是很重要的一點。

網路研討會活動是很多參與者終生難忘的經歷，真正的激動人心。這種精神會影響到日常工作，在企業中持續下去。超越部門界限的合作會繼續發展，並結出豐碩的成果，因為人們隨後會看到想法和建議的潛力，而不再是問題。很多「鉤子」最終會變為「搭扣」。

三個例子

一家企業的培訓人員在大型群組活動中重新構建了新員工的任職過程，培訓人員最適合這樣的計劃，他們已經或多或少地瞭解了企業的各個方面，還沒有被自己部門的盲目和習以為常絆住手腳。

在此之前，一名新員工通常需要幾天時間才能進入工作狀態。他們要花很長時間來熟悉環境、領取必要的工作用品並申請權限。第一天報到的時候，甚至沒有人知道他們的辦公桌到底在哪裡。培訓人員們設計的解決方案可以說是滑鼠一點，萬事俱備：新員工在任職前幾天會收到一份歡迎包裹，裡面包括重要的訊息、任職計劃和一份小禮物。他可以經由電子郵件瞭解所有負責人和相關人員的照片和體貌特徵。上班第一天進入辦公室的時候，他會看到螢幕上寫著歡迎自己的字幕。電子郵件賬戶、用戶名和所有重要的密碼等工作必需品都已經準備齊全。公司各部門的簡介手冊可以幫助新員工順利開展工作。人們也考慮到了必要的辦公設備，例如電腦、電話、行動硬碟、工作證、名片和信箱。還有人設計了歡迎小儀式幫助新員工快速融入群體，並安排了一位指導老師。

人們也為資訊科技自由職業者和短期的知識員工設計了類似的活動。此前，他們通常需要半天時間來熟悉公司——他們的薪資是每小時兩百歐元。更糟糕的是，他們在沒有簽署保密協議的情況下進入公司的電子數據處理系統，由此獲得了很多重要數據。

這個小組考慮得非常全面，立刻著手處理第三個問題，實現員工離職過程的自動化。離職的員工經常像一個消極的成員一樣存在於公司：他們可以進入資訊系統，擷取保密訊息。公司還慷慨地為他們支付軟體費用。即使實習生調換了職位，他們還可以保留所有的權限。這對一家企業的安全意味著什麼，已無須贅言。

一個工作小組在大型群組活動中設計了「意見樹」的方案。創意的背景是這家企業明顯的「是的，但是……」狀態。根據這一方案，每一個員工都可以將自己的意見像禮物一樣掛在休息室的榕樹上，必要情況下也可以匿名。每個想法都要按照一定的模式填寫（見下**表九**）。人們在週五的會議上「摘果子」，然後進行討

表九

意見表

問題的現狀：

____

____

我的改善建議：

____

____

會給我們帶來什麼益處：

____

____

優先等級：A B C　費用：________　時間表：________

日期：________　姓名（自願）：________

論和表決，並在下一周開始進行。

傳統的企業組織也經常嘗試類似網路研討會的活動形式。奧地利諾伊霍芬儲蓄所組織全所六十名員工參加了大型群組研討會，議題就是如何讓所有員工都參與到爭取新儲戶的活動中。來自財會、人事等後台部門的八名女員工設計出以下方案：儲蓄所組織與銀行主題無關的活動，展示自己，例如健康講座，非銀行客戶也可以參加。在活動中，其中的一位女員工（而非客戶顧問）負責與這些非客戶進行有針對性的交談。員工可以在電話中向有意者提供補充資料，員工可以將材料送到家裡，他們也可以來儲蓄所拿取。人們可以邀請前來取材料的人參觀儲蓄所。這些女員工在這一過程中表現出自己的熱情和專業知識。

第一次嘗試就取得了圓滿的成功。員工共與二十五名非客戶進行交談，其中四人接受了送到家裡的材料，七人參觀了儲蓄所，最終這種方式贏得了兩名新客戶。儲蓄所所長弗里德里希對這一結果非常滿意：「這就是不斷改善我們的信念、堅持信念的正確方法。」他對我講述的時候自豪之情溢於言表。

19 第四步：監管監控

談到監控，領導者首先想到的就是他們與員工對立的監控身份。但這裡說的並不是這種監控，更多的是對主管工作的評估。我願意稱其為監督，因為嚴格的監控措施毫無用處。與監視、檢查和調查相關的一切是品質監控的必要措施，但並不適用於人際領域，因為人不同於機器。監督工作的基本出發點並不是找錯誤，而是要確定人們工作的成果。管理訓練師哈特穆特・勞弗爾寫道：「完美終歸是一個難以企及的目標，而追求完美就會不斷地遭受誤解和失誤。」這個觀點同樣適用於領導者。

因此首先應該關注單一的內部觸點工作，然後再探討未來工作的優化問題。應該提出以下問題：

- 我們希望按照哪些標準衡量經過改善的觸點績效？
- 我們希望確定哪些指標？以什麼方式？為什麼人？多久進行一次？
- 如何記錄並共同討論獲得的知識？
- 哪些監督有意義並且可以簡單地使用？
- 由誰進行必要的過程改善？什麼時候？以何種方式？

我在開始的時候就已經說過了，我本人對這種大範圍的指標收集工作持懷疑態度，但是一些精選的指標還是有意義的。這些關鍵績效指標記錄了觸點管理體系中已經達到的目標，展現出時間順序，讓人們清楚地看到優化的潛力。與宣傳冊和報告中那些長篇累牘、不知所云的文字相比，這種方式顯得更專業。未來如果沒有可評估的結果，幾乎很難獲得預算。人力資源部門的員工也需要更高的審計能力。如果你能向董事會提供觸點指標數據，肯定會獲得加分。

> 你要寄希望於有說服力的指標資料，而不僅僅是簡單地收集資料。

觸點指標

一系列指標數據可以從根本上推導出觸點措施的具體效果，以及員工的動機、主動性和忠誠度。這些指標包括：

- 參加研討會和討論的主動性
- 參與計劃小組和培訓
- 希望獲得陞遷
- 對客戶利益的興趣
- 提出建議和改善意見
- 偶爾加班的意願

- 由於馬虎和心不在焉而導致錯誤的機率
- 抱怨的頻率
- 週一和週五的缺勤（「病假」）

從長遠來看，觸點措施主要影響以下與員工相關的企業指標：

- 病假天數以及由此產生的成本
- 焦慮的比例以及由此產生的成本
- 員工的生產效率
- 人員流動率及由此產生的成本
- 平均在職時間
- 忠誠指數
- 推薦意願
- 推薦在公司招聘中所佔的比例

大多數企業已經將病假時間、焦慮比例，以及由此造成的成本納入評估體系。這同樣適用於員工帶病堅持工作而產生的成本。不同行業有著不同的員工生產效率，因此需要分別進行調查。這裡可以進一步解釋其餘的指標。

人員流動率和流動成本

可以這樣計算員工流動率：

公式

$$\frac{\text{每年離職的員工人數} \times 100}{\text{平均員工數量}}$$

舉例

$$\frac{50 \times 100}{200} = 25\%$$

平均在職時間的計算方式：

公式

$$\frac{\text{流動率}}{100}$$

舉例

$$\frac{25}{100} = 4\text{年}$$

例如一家公司每年有百分之二十五的員工離職，也就是說員工的平均在職時間是四年，員工每四年就會整體更新一次。這些數據可以根據整個企業的人數計算，也可以按照年齡段、等級、職位、性別、專業領域、分支機構等因素分別計算，然後進行比較。此外，還可以在行業內部進行對比。

計算流動成本時需要注意以下幾點：

- 直接和間接離職成本
- 直接和間接選擇成本
- 直接和間接任職成本
- 離職人員的績效下降引起的成本

- 相關團隊中摩擦損失引起的成本
- 專業知識流失產生的成本
- 暫時空缺的職位引起的成本
- 「新人」在開始階段生產效率低下引起的成本
- 人員聘用失當可能引起的成本
- 客戶訂單出問題造成的營業額損失
- 聲譽受損的後果引起的成本

根據職位和等級的差別，每種職位的人員流動成本通常相當於六到二十四個月的薪資。貢特爾・沃爾夫在《員工情感聯繫》這本書中進行了以下的計算：以一千名員工的企業為例，如果人員流動率平均降低三個百分點，至少可以帶來一百萬歐元的利潤。他還引用了諮詢公司怡安・翰威特（Aon Hewitt）的研究：「員工情感深厚的企業在世界的股市盈利，高於平均水準二十二個百分點；而員工情感薄弱的企業則低於平均水準二十八個百分點。」

這幾個數字已經清楚地表明員工觸點的重要性，因此應該使所有的員工觸點都脫離失望區域和滿意度的底線，讓員工們受到激勵。這不僅會提高員工的工作表現，也會提升企業的業績。現在就要開始理清企業內部聯繫的細節了，你需要兩個指標：忠誠指標和推薦意願。

忠誠指數和推薦意願

可以這樣確定忠誠指數和推薦意願：

- 忠誠指數：你在多大程度上還會再次選擇我們公司？主要原因是什麼？
- 推薦意願：你在多大程度上會向一個有意的求職者（私人關係）推薦我們公司？主要原因是什麼？

由這些結果得出的指標就是員工領域最重要的業績指數。對相關問題的回答就是進一步提高的出發點。

我們還可以藉淨推薦值（Net PromotorR Score）來衡量員工的推薦意願。這一指數是忠誠度研究專家弗瑞德・賴克霍德（Fred Reichheld）與貝恩公司合作創立的，其出發點是確定客戶的忠誠度。對於員工方面的忠誠度，他建議提出類似的問題：「如果推薦其他人應徵這家公司，你認為公司位於從〇到十的哪個等級？」然後繼續提問：「最重要的根據是什麼？」問卷調查最好採取匿名方式，根據回答可以將員工分為三類：推薦者、被動者和批評者。推薦意願得分在九至十分之間的人屬於推薦者。推薦者中要扣除批評者（得分在〇至六之間）。結果就是員工淨推薦值（見圖十八）。這個指數可能產生積極或者消極的影響。

美國的一些公司已經開始使用員工淨推薦值：捷藍航空公司（JetBlue）非常關心客戶的需求，它會在新員工任職九十天後進行第一次問卷調查，然後每年的任職紀念日都要填寫問卷。任職三個月後進行問卷是明智之舉，因為會及時發現試用期的問題和招聘過程中的失誤。蘋果零售店每四個月進行一次員

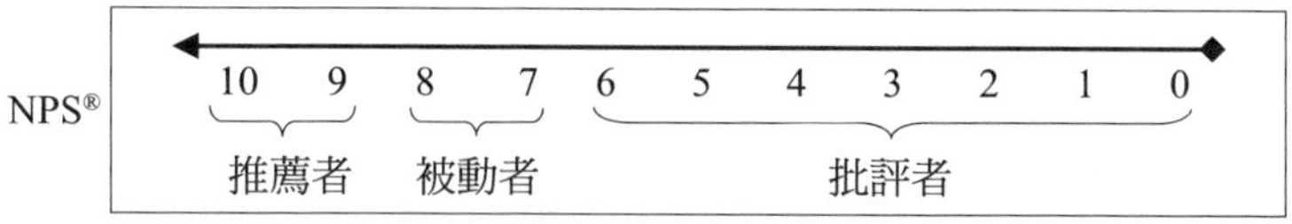

圖十八　弗瑞德・賴克霍德的淨推薦值等級

工淨推薦值問卷。每次調查過後，零售店經理都會與員工一起對數據進行評估。員工團隊自己尋找解決辦法。賴克霍德在《終極問題2.0》（*Die ultimative Frage 2.0*）一書中寫道：「定期得到最高客戶淨推薦值的蘋果零售店會得到很高的員工淨推薦值，而員工主動性很低的分店在客戶淨推薦值方面也同樣很低。」這種說法也佐證了我關於員工忠誠度的看法：如果企業得不到員工的忠誠，就無法在客戶中創造忠誠度，二者緊密聯繫。首要目標是盡可能獲得員工推薦者，減少員工批評者。內部觸點管理就為此指明了道路。

德國的Carglass公司也已經開始利用員工淨推薦值指數。如果你也對這一指數感興趣，那麼最後還要給你提一個建議：只有極少數員工能得到最高分值，而且被動者的數量沒有任何意義，所以員工淨推薦值指數通常會產生消極的影響，會讓人們感到沮喪和失望，所有參與者應該有心理準備。以問卷結果作為獎勵的基礎也是完全錯誤的做法。

如何確定員工推薦比例

還有一個指數在招聘過程中發揮著重要作用：推薦比例。人們可以由此確定通過推薦來公司應徵的人數。這也是系統的員工推薦管理的出發點。通過三個簡單的問題就可以找到答案。只要情況允許，每位應徵者都要回答以下三個問題：

你需要確定通過推薦來公司應聘的人數。

- 「你最初是如何開始關注我們公司的？」如果是經人推薦，就可以繼續下面的提問：
- 「我很感興趣，你從推薦者那裡得到了我們公司的哪些訊息？」
- 如果你還不知道推薦者的名字：「我現在很好奇誰向你推薦的？」

通過第一個問題我們可以確定經過推薦者介紹前來的應徵者的百分比，即推薦比例。此外，這一問題的其他回答也告訴我們，未來應該在哪些方面加強招聘投入。應徵者通過第二個問題告訴你，公司的吸引力是什麼，公司在哪些方面可以繼續努力。通過第三個問題可以瞭解到哪些人是公司的宣傳員和積極推薦者。

從應徵者的性格特徵可以初步推斷出他們的興趣和需求。你還需要瞭解他們曾經取得過哪些特殊的業績，他們憑藉這些業績前來應徵，因此抱有很高的期望。他們如果感到失望，不僅會對公司產生消極情緒，還會歸咎於推薦者，因此不僅是為了自己的企業，也要為了推薦者，你也不想讓應徵者失望。我已經在第二部份詳細解釋了其他需要確定的相關指數。

優化工具

以下五種方式可以優化單一觸點的領導業績：

- 領導者的自我監控

- 單獨指導和／或導師制
- 藉由員工進行「監控」
- 同事的指導／同事之間的諮詢
- 對離職員工的採訪

站在更高立場審視自己的行為

批評性的自我反省是一個優秀領導者最重要的品質。通過自我監控實現監督是最快捷的方法。具體應該怎麼做呢？想像自己是一個畫家，需要退後幾步才能仔細觀察一天的成果。然後，你可以給自己提一個問題，例如：「我是否像今天對待員工那樣對待我們最好的客戶？」或者「我能把今天做的所有事情講給孩子們嗎？」

還有一個技巧就是「三把篩子」的辦法，即說話或者做事之前要給自己提出的三個問題，分別是「是真的嗎？」「是善意的嗎？」「是必要的嗎？」

人們有時也將超層面稱為山鷹視角，這種視角將發生的事情中的人置於關注中心。由此會產生這樣的問題：「因為我對一切都有決定權，所以我的員工才表現得如此需要領導嗎？」「因為我沒有贊同他們的意見，他們才表現得這麼安靜嗎？」「因為我總是更瞭解一切，他們才沒有意見嗎？」人們在具體溝通中也能迅速地轉換為更高的角度，給自己提出問題：「我現在想說的話會讓員工們失望、接受還是受到激勵？我怎麼說才能讓他們更容易接受？」

人們站在更高的立場就會得到一個絕佳的俯視角度。這時人們會脫離自我的角度，扮演一個中立的旁觀者角色。人們可以給自己提出以下問題：

- 我剛剛要說的話或者要做的事情會對他人產生什麼影響？
- 他們會怎麼理解我要說的話或者要做的事請？
- 他們接下來可能會做什麼？
- 這是我所希望的嗎？
- 為了實現我的希望，我必須或者應該作何改變？
- 希望他人做到的事情我自己是否做出了表率？
- 我自己在未來可以做出怎樣的改善？
- 在我領導下的生活品質意味著什麼？

如果領導者能在日常工作中引入這種超層面的批判性自省，那麼就能避免某些溝通的災難。你應該在每次溝通之前、之中和之後進行這種自省。最後永遠要問自己：「我是否（又一次）告訴員工他應該做什麼？還是我多次地問他，他想要用什麼方式做什麼？」這種做法在威廉・安肯（三世）（William Oncken, Ⅲ）的「別讓猴子跳回背上」的概念中經常出現。一個員工帶著自己的問題去見老闆，老闆給他一個解決辦法。這只「猴子」愉快地蕩起樹枝，在老闆的背上找到一塊舒服的棲息地。這種談話肯定會讓老闆疲憊不堪。可以在談話中進行一個小培訓：提一個聰明的問題，讓員工自己找到合適的解決辦法。

> 「我是否告訴員工他應該做什麼？還是問過他，他想要用什麼方式做什麼？」

為了提高員工的能力，最終增加他們的工作願意，還可以分析自己提出反饋意見的行為方式。可以給自己提出以下問題：

- 我給員工的更多的是批評還是認可？
- 說實話，什麼事情阻止我給予員工更多的認可？
- 假如建設性的批評意見讓我和員工都感到不快，我還願意說出來嗎？
- 實話實說，什麼原因促使我提出批評意見？這種行為有其目的性還是出於「卑劣的」動機？
- 我給出反饋意見的談話方式能讓人接受嗎？哪些方面表現出談話的尊重和建設性？
- 我能接受批判性反饋意見嗎？聽到以後有什麼感受？我會怎麼對待這些意見？心存感激還是帶有牴觸情緒？高興？受到侮辱？受到挑釁？我能承認錯誤嗎？我怎麼說出來？

經過這樣的自我分析，你會產生一些變化，出現兩種結果：簡單地改變，或者向團隊解釋原因：「過去我一直認為……但我現在覺得，我在這一點上不應該這麼做，而是……」如果主管以這種方式表達自己的改革意願，這也是在告訴自己的員工，他對變化採取開放的態度。

自我形象和他人形象測試

我們在第一部份中已經看到，領導者的自我感受會迅速地發生變化，自我高估會帶來很大的風險。

為了避免這種情況的發生，我建議你進行自我形象和他人形象測試。你需要設計一些與領導工作的原因相聯繫的問題，可以按照從〇到十的等級打分。接下來要求員工給出他們的分數，當然不能讓他們看到你的回答。是否採取記名的方式取決於公司文化的開放性和答案的真實性，因為障眼法在這裡完全沒有意義，你就是來學習的。

這裡列出一個附帶問題的核對清單（表十）。你可以根據自己的實際情況進行增減和修改。這就是測試。也可以從事先和事後評估的分析階段選取適當的問題進行補充。你可以返回第一步。

外部幫助：同事的指導

人們在自我指導中很快會出現自我欺騙，無法看到自己的「盲點」，因此同事的指導在這種情況下非常有幫助。雙方可以建立夥伴關係，在內部觸點管理中互相監督，然後交換意見。這種方式成功的前提是兩個人相互信任，不存在競爭，也不能有等級依賴性，當然還要具備提出並接受建設性反饋意見的能力。

同事諮詢的第二種形式就是多名同事之間的指導，也稱同事顧問。人們定期在同一個圈子或者不同的圈子聚會，每個圈子包括五到七名成員，分層次地討論棘手的管理和領導問題。人們可以在公司內部與其他領導階層同事討論，也可以和其他公司的領導者見面討論。前提是一樣的：不存在競爭關係、沒有等級依賴性、信任、自願、領導能力和適當的「化學反應」。多樣化的成員構成也非常重要，參加聚會的成員應該包括不同年齡段、性別和國籍的人。參與者是平等的，而且處於相同的水準。坦率、真誠和絕對的信任是預先設定的遊戲規則。如果你計劃啟動多名同事間的指導方案，那麼應該事先對指導方

表十

核查清單	分數：0~10	
	自我評估	他人評估
1.我的員工可以輕鬆自由、毫無顧忌地和我交談。		
2.我用員工聽得懂的語言清楚、全面地告知他們真實情況。		
3.員工們可以做他們最擅長的工作。		
4.員工得到有挑戰性的任務，並結合必要的能力和決策自由。		
5.我知道激勵員工的意義。		
6.如果員工談到他們的工作，我專心致志地傾聽。		
7.員工瞭解企業的目標，他也清楚地知道公司對他們的期待。		
8.我定期通報目標實現的進展情況。		
9.我尋求員工的建議和幫助。		
10.我認真對待員工的意見和想法。我也會說出意見並參與討論。		
11.我幫助員工找到解決問題的方法。		
12.我讓員工感受到我的信任，相信他們能夠完成任務。		
13.我認為員工的幸福非常重要。我對可能出現的（私人）問題表現出同情。		
14.我拿出足夠的時間和員工溝通。		
15.員工可以犯錯誤。		
16.我對他們的工作品質定期給予意見反饋。		
17.我經常表示感謝。		
18.我採取請求、建議和邀請的態度，而不是指派。		
19.我讚美並肯定出色的業績。		
20.在必要情況下，我會表示歉意。		
21.我正確對待出現的矛盾，並順利地解決問題。		
22.我和員工討論客戶的利益以及客戶對於公司的意義。		
23.我為員工做出關心客戶利益的榜樣。		
24.我請員工提出如何以客戶利益為導向的建議和意見。		
25.我為員工的職業和個人發展提供支持和幫助。		
26.我對員工的成績給予充分的評價，並按照結果進行獎勵。		
27.員工的工作環境還不錯。		
總分數		
百分制的分數		
個人評語：		

式進行培訓。

這個方案中存在三個不同的角色：

- 尋求諮詢的人：他是當事人，並且願意坦誠地談論自己的想法。他客觀地敘述問題，安靜地觀察同事處理問題。他對同事提出的解決辦法不加評論。毫無疑問，他可以從這一狀態中獲得新的角度，或者認清問題的癥結所在。
- 提供諮詢的同事：他們真誠面對尋求諮詢的人，而且心懷敬意。他們承認尋求諮詢的人所描繪的事情是一個問題，巧妙地提出問題，並列出實際狀況和相關背景，然後解釋問題。他們既不會給出個人的建議，也不會做出輕蔑的或者自以為是的評論，而是在顧問小組內共同尋找可行的解決辦法，給人們啟發和想法。
- 顧問的顧問：他們並不參與問題的解決過程，而是觀察提供諮詢的同事之工作過程。只有角色扮演出問題的時候他才會進行干預。諮詢結束後，他對所有參與者的行為品質進行評價。他也可以主持活動並控制時間。

同事諮詢：一種低成本的員工培訓形式。

所有的參與者可以相互學習。他們看待不同行為方式和新措施的視角會更加敏銳。眾人的創造性和經驗可以豐富領導者的工作，使其更加專業。此外，這種「內部眾包」的形式還是一種低成本的員工培訓形式。這種方式加入了對具體問題的分析，效果遠遠超過普通的研討會和千篇一律的培訓等傳統學習方式。

下面是這種同事指導方式的流程舉例（**表十一**）：

尋求諮詢者在下一次聚會的時候通報這一方案的進展情況，然後提出新問題進行同事諮詢。如果每一次同事諮詢只討論一個問題，那麼可以安排一個小時進行充分的討論。

第三種形式是顧問市場，這種形式至少需要九名員工參與。根據參與者數量的不同，可以安排多個問題進行討論。也可以讓不同的小組討論相同的問題，然後提出不同的解決方案，尋求諮詢者從中選出適合自己的方案，所有的顧問共同對這個方案進行修改。這就意味著在第二階段中，最初相互競爭的小組需要共同研究此前對方的方案。這種做法迫使人們改變角度，增強自己對其他解決模式的理解力。人們可以順利地分享群體智慧。在這一過程中，所有人既是顧問，也是學習者。通過這種方式也可以避免上層決策出錯。

我認為同事諮詢是一種理想方式，可以幫助我們掌握現在和未來嚴苛的領導任務，並且解決複雜的管理問題，人們可以將其用作經理人培訓的一個環節。圖十九概括了以上三種不同的同事諮詢方式。

表十一

5分鐘	尋求諮詢的人介紹自己的問題，最好通過講故事的方式，然後提出自己的中心問題。顧問不要打斷他說話。
10分鐘	同事顧問提出客觀的理解問題，解釋實際情況。但不要提出自己的意見。
10分鐘	第一階段：通過集體討論，同事顧問提出可能的解決辦法。他們不對具體的情況進行評論，而是簡單地列舉出這些解決方案。尋求諮詢的人安靜地傾聽，不參加討論。
5分鐘	尋求諮詢者選出自己喜歡的解決辦法，但是不要解釋理由。顧問不發表意見。
10分鐘	第二階段：人們根據實際情況繼續改進選出的解決方案。尋求諮詢的人仔細傾聽，不發表意見。
5分鐘	尋求諮詢的人說出他認為最重要的環節，以及決定採取哪些步驟。顧問接受這一決定，不進行評論。
10分鐘	顧問的顧問給參與者提出反饋意見。然後共同對這一過程進行反思：我們覺得這一過程怎麼樣？我們學到了什麼？哪些地方需要改進？

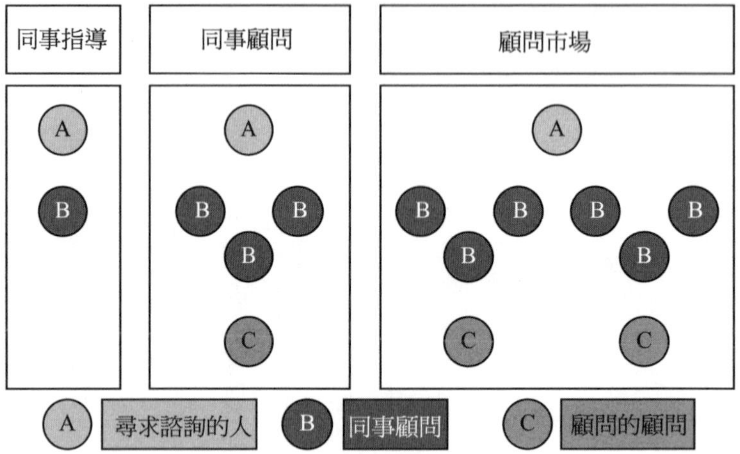

圖十九　同事諮詢的形式

執行長培訓組織偉事達國際（Vistage International）將同行諮詢組織發展成一種商務模式。對於南德五家企業聯盟來說，這種外部同行反思是高水準的員工培訓方式。博世西門子家用電器（BSH）的人力資源代表安德莉亞・梅勒也是這一計劃的發起人，她說：「我們的想法就是利用不同企業在經理人個人發展方面的經驗。」顧問史蒂芬・舒勒爾在《經濟與培訓》（*Wirtschaft + Weiterbildung*）雜誌的一篇文章中寫道，所有參與者的批判性反思能力都有所提升。

別讓離職不歡而散

我們迄今為止討論的措施不僅是為了使員工取得優異的業績，也是為了預防我們不願看到的人員流動。有經驗的領導者能感覺到氣氛的細微變化，覺察到即將發生的人才外流，這些變化包括：短期的零散休假、粗心大意、心不在焉、不關心公共利益、工作不投入。如果領導者能夠正確地解釋這些跡象，還有可能及時地維護受到威脅的員工關係。

當你產生懷疑時，當然不能單刀直入地問，而是要小心地試探員工的口風。可以這麼問：「親愛的同事，我們有什麼緊要的事情要談嗎？」他的回答有意逃避，聽起來不那麼可信？他的肢體語言說明了一切？那麼你就要警覺起來了。如果這個員工與新公司已經簽訂了協議，那就太晚了。對於員工外流事件的觀察應該逐步細化，這樣才能找出相應的指標，制定出預測模式，建立預警系統。

每個企業都存在自然的人員流動比率。我們無法留住所有的員工，而且也不願意讓某些員工留下。企業經營狀況發生變化可能導致員工流失，或者競爭對手提供了更好的發展空間。網路上日新月異的訊息發揮著重要作用。到處都有空缺的職位，數位化導致人們的社會行為發生了轉變，這些也都是事實。

然而，這些都只能部份解釋員工流失的現象。上文已經說過，缺乏員工忠誠度，以及隨之出現的損失通常都是由自身造成的。那些聽起來冠冕堂皇、有理有據的辭職理由背後隱藏著完全不同的真實原因。錯誤的行為導致很多人辭職，準確地說，是因為：

> 那些聽起來冠冕堂皇、有理有據的辭職理由背後隱藏著人際關係層面的問題。

- 他們在團隊中感覺不好；
- 領導方式有些糟糕；
- 他們的努力沒有得到讚許；
- 人們不關心他們的進一步發展；

- 沒有人認為他們是重要的員工。

只有瞭解員工真正的辭職原因，才能採取相應措施。這時最好由中立的第三方對離職員工進行談話，例如內部觸點經理人。二〇一二年Kienbaum國際僱主品牌調查結果顯示，只有百分之十三的企業進行了離職員工談話。

每一個離開的人都會帶走一些東西，並且留下一些東西：經歷、印象、情感、經驗。在一個員工永遠離開這家公司之前，他也許希望有人和他聊一聊。有些事情他可能一直想說，但是缺乏勇氣，要離開的人更想把話說清楚。除了對員工離職這件事的憤怒，公司也需要有進行談話的勇氣，因為他們可能會談到讓人不愉快的事情。換個角度來看，如果人們提出一些聰明的問題，也可以從中學到很多東西。我認為長篇大論的問卷調查沒有任何意義，只會給受訪者帶來很大負擔。

你可以準備一些簡短的問題，然後以自由談話形式進行採訪。下面是一些問題的舉例：

- 你最初是出於什麼原因來到我們公司的？
- 在我們公司工作期間，你對什麼感到滿意？
- 你會立刻改善哪些問題？
- 你最積極和消極的回憶是什麼？
- 換工作會帶給你什麼好處？
- 怎樣做可以讓你留下來？
- 你還會回到我們公司工作嗎？
- 你有什麼話想要留給你的繼任者？

企業文化、工作條件和主管行為的弊端雖然無法挽留辭職的員工，但能幫助留下來的員工改善企業環境、阻止人才外流、大幅節約成本。人力資源顧問索菲亞・馮・龍德施泰特認為：「人們還可以瞭解很多保持競爭力的方法。」Lekkerland貿易公司的人力資源經理貝恩哈特・賓恩海默在接受《法蘭克福匯報》採訪時說：「最糟糕的情況是一無所獲。但是人們總會得到一些東西。」你對這樣的談話表示出興趣，這至少可以緩解人們的惡意口語宣傳和評論網站上的消極評價。離職的員工就是這家企業的宣傳員。他可能廣泛散佈不良評價，這會阻止眾多人才前來應徵。

你要向離職員工解釋，這只是一次離職談話。如果你能清楚地解釋談話對雙方的益處，並表示出你的尊重，那麼員工就會接受談話。你在談話過程中要保持克制、客觀和中立，不要辯解，也不要維護任何人，只需要記錄並分析他們的回答。你要用原話複述聽到的小故事，因為感情色彩通常會產生巨大的影響。然後，需要做的就是改變！

這裡我給你一個小建議：應該在員工完全不用擔心消極影響的情況下進行離職談話，他們在這種情況下才能放心地說出離職的理由。談話前要辦理好所有離職手續，包括工作證明。

「離職後，我就像一個徹底沒用的人。這是一個心靈創傷。我在最初的幾個星期就像癱瘓了一樣。」一個離職者這樣對我說。的確，人們不能用毀滅性的辭退方式來宣佈這種讓人震驚的消息。為了將惡意誹謗控制在一定範圍內，並且不損害在職員工的積極性，人們應認真準備辭退談話，使之順利進行，因為這是領導者需要做的最艱難的談話，對雙方都意味著很大的情感壓力。

美麗的離場：你要安排一次讓人能夠接受的離場方式。

如果是員工自己辭職，公司再也留不住他了，那麼就應該盡力使這種狀況朝積極方面發展。這將為員工以後可能的復職打下一個良好的基礎。因此，你要給他們留下美好的回憶，為離職員工準備一個美好的告別，並保持這種聯繫！曾經出現過這種情況，本來不打算復職的員工，因為離職時的感人舉動而重新返回公司上班。

一個老闆曾經給我展示了他為一位優秀員工準備的離職禮物：一個包含特殊內容的高級皮質文件夾。附帶的一封信這樣寫道：「親愛的××女士，我們預祝您在新的工作職位萬事順利。但是研究顯示，四分之一的工作關係會在實習期之後結束，因為雙方並不合適。如果您覺得新的職位不那麼適合您，那麼請您一定要回來。隨信附上已經準備好的工作合約。如果您重新回到公司，我們將不勝欣喜。」

如果員工離職後還能彼此真誠地對視，一起喝一杯，然後聊聊過去的事情，那麼這就是一次「美麗的離場」。你要用正派的方式對待離職的員工，即使他們沒有這麼對待你。絕對不應該做的事情包括：辭職信隨處亂放、拒絕出具工作證明，在最後幾天的工作中滋擾、謾罵侮辱、惡意誹謗。要真誠地感謝員工過去的工作，並祝願他未來一切順利。

然後保持聯繫，例如，通過工作新聞簡報、員工報紙、Xing、校友網路、邀請他們參加專業會議和慶祝活動、溝通關於重大事件和最新情況的訊息、一張生日卡。還可以偶爾寄一份小禮物。這是一舉兩得的辦法：

1. 離職員工完全有理由積極地為你宣傳。過去的工作關係也許不盡如人意，但是你告別的方式很有風度。

2.為他們留下美好的回憶，給他們今後可能的回歸留有餘地。

現在，人們常常需要將在別的公司工作的優秀前任員工重新吸引回來。重新聘請前任員工也可以保護資源，比聘任新人節約將近一半的成本，而且他們在實習期的工作效率比新人高百分之四十左右。

前任員工主要對兩個方面感興趣：在哪個公司值得重新開始？誰願意回來？然後還需要解釋：你想要提供哪些「回歸誘餌」？什麼時候開始？最後的問題：應該讓誰去和前任員工聯繫？這一切的基礎是運作轉良好的前任數據庫，其中包含（離職）員工的詳細訊息。如果以前的員工真的回來了，他們可以非常順利地任職。人們幾乎不會給人第三次機會，但還是很願意提供第二次機會的。

20 前景：從金字塔式組織到觸點公司

從金字塔式組織變為觸點公司，這是現代企業的必經之路（見圖二十）。人們不能像短期買賣一樣關閉企業，徹底整頓，然後再大張旗鼓地重新開張。你不需要這樣的企業，而且也不願意花時間等待。如果你現在不採取行動，後天就會無事可做。那麼，就從明天開始吧。行動分為三個層面：

- 組織層面：你需要對企業進行改組，使其以良好的狀態迎接商業新世界。改組需要建立在七項外部條件的基礎上：整合群體智慧、實行協作結構、削弱對等級制度的感受、減少規矩束縛、削弱孤島思維、實現數位化轉變、加強對客戶的關心。
- 領導層面：這裡是指協作觸點管理過程，根據「失望、可以接受、激勵」分析領導者與員工之間的所有觸點，然後進行優化。
- 員工層面：這裡是指員工在內部（和外部）觸點的積極投入，利用群體智慧，並以這種方式快速有效地進行改革。目標是更強的績效、更好的忠誠度、更積極的推薦。

首先要進行整理，拔掉所有阻礙增長的雜草。但是開始一個新計劃時最大的錯誤就是「打碎舊的領導體系」。我們應該唱著歌，一步一步地前進。觸點管理過程提供很多實現目標的方法。

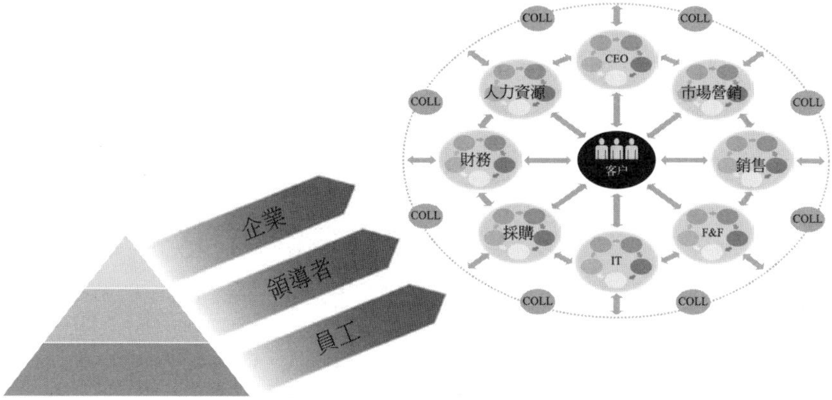

圖二十　從金字塔式組織轉變為觸點公司，這樣的公司一切以客戶為核心

大多數傳統改革過程失敗的原因在於改革自上而下，領導者將改革措施強加在員工頭上。為了避免這種情況的發生，我們現在換一種方式：動員報告會，至少要有五十名員工參加。動員報告會給員工帶來很大啟發，員工利用這些靈感設計出改革方案。請相信我，員工早就知道該做什麼了，大部份人都在摩拳擦掌，就等著開始的一刻。發令槍聲一響，人們就會不由自主地向前衝，因為所有人都受到觸點管理精神的感染。

如果有人想要深入瞭解改革過程，我還準備了另外兩種研討會形式：

- 「殺死愚蠢的規則」研討會。這種形式特別適合人數較多的群體，以及跨部門研討會。目標是以自負責任的方式實現企業內部優化，同時加入以客戶為導向的理念。
- 「殺死公司」研討會。這種形式適合領導階層。這種方式最初由Future Think諮詢公司的執行長麗莎・博黛爾（Lisa Bodell）提出，以對手的角度探究自己的企業，以便更好地為未來做準備。

除本書內容以外，還有很多精簡落後管理結構的手段，可以為商業新世界創造更好的外部條件，並建立適應未來的員工領導體系。

我們可以忽視變化，與他抗爭，也可以選擇擁抱變化。每一次改變都意味著產生一些新事物，我們無法斷定新事物是好是壞，所以這可能給我們帶來期待的喜悅，也能引起恐懼。萊因哈特・施普倫格曾經說過，做決定就像跳過懷疑的火牆。第一步總是最艱難的，因為這意味著打破習慣，告別舒適，緬懷失去，勇敢地踏入未知領域。

人們喜歡重複曾經取得過成功的行為，專業人士稱之為「自羊群效應」。與「羊群行為」（Herd Behavior）類似，我們是在跟隨自己以前的行為。加里・哈默爾用一句發人深省的話描繪這種永恆的過去：「執迷不悟的人很容易變成傻瓜，因為他們始終緊緊抓住陳舊的經驗。」

查爾斯・達爾文（Charles Robert Darwin）就曾經說過：「只有傻瓜才不做實驗。」那麼你就把它當做變革吧，就像狂野青年運動（Junge Wilde）一樣：實驗！練習！測試！千萬不要停下前進的腳步！當然也要把失敗考慮在內，不要等待盡善盡美，因為根本就不存在完美。為成果歡呼。無論是在企業內部，還是在市場範圍內，每一次改善都是邁向大未來的一塊小鋪路石。

如果方向正確，就像史蒂芬・賈伯斯所說的，你會和員工一道「在宇宙中打下一個烙印」。一家公司還能有什麼期望呢？

國家圖書館出版品預行編目 (CIP) 資料

觸點管理：網路時代的德國人才管理模式 / 安妮.M.許勒爾(Anne M. Schuller)作；于嵩楠譯. -- 第一版. -- 臺北市：風格司藝術創作坊, 2016.10
面；　公分
譯自：Das Touchpoint-Unternehmen : Mitarbeiterführung in unserer neuen Businesswelt
ISBN 978-986-93244-0-3 (平裝)

1.組織管理 2.網路社會

494.2　　105008901

觸點管理：網路時代的德國人才管理模式

作　　者：安妮・M・許勒爾
譯　　者：于嵩楠
責任編輯：吳韻如、苗龍
發 行 人：謝俊龍
出　　版：風格司藝術創作坊
106 台北市安居街118巷17號
Tel: (02) 8732-0530　Fax: (02) 8732-0531
http://www.clio.com.tw
總 經 銷：紅螞蟻圖書有限公司
Tel: (02) 2795-3656　Fax: (02) 2795-4100
地址：台北市內湖區舊宗路二段121巷19號
http://www.e-redant.com
出版日期／2016 年 10 月　第一版第一刷
定　　價／450 元

ISBN 9978-986-93244-0-3　　Printed in Taiwan

Knowledge House & Walnut Tree Publishing

Knowledge House & Walnut Tree Publishing